机器人生态圈概论

李泰博　刘红卫　刘　帅　张　琦　编著

中国宇航出版社
·北京·

图书在版编目（CIP）数据

机器人生态圈概论 / 李泰博等编著. -- 北京 : 中国宇航出版社, 2025. 7. -- ISBN 978-7-5159-2535-6

Ⅰ. TP242.6

中国国家版本馆 CIP 数据核字第 2025TU0954 号

责任编辑　王杰琼　　　**封面设计**　王晓武

出　版
发　行　中国宇航出版社

社　址　北京市阜成路 8 号　**邮　编**　100830
(010)68768548

网　址　www.caphbook.com

经　销　新华书店

发行部　(010)68767386　(010)68371900
(010)68767382　(010)88100613 (传真)

零售店　读者服务部　(010)68371105

承　印　北京厚诚则铭印刷科技有限公司

版　次　2025 年 7 月第 1 版
2025 年 7 月第 1 次印刷

规　格　787 × 1092

开　本　1/16

印　张　13　**彩　插**　8 面

字　数　213 千字

书　号　ISBN 978 - 7 - 5159 - 2535 - 6

定　价　69.00 元

本书如有印装质量问题，可与发行部联系调换

前　言

——机器人生态圈的愿景与挑战

随着科技不断进步，人类对机器人的依赖日益增强。从工业生产到家庭服务，从深海探索到太空旅行，机器人的身影无处不在。尽管机器人技术取得了巨大的成功，它仍然面临着许多挑战，尤其在可持续性和环境适应性方面。传统机器人设计往往忽视了与环境的互动和长期可持续性，这限制了它们在复杂环境中的效能和应用范围。

在这样的背景下，机器人生态圈的概念应运而生。它探讨如何将机器人技术与生态学原理相结合，借鉴物种在生态系统中相互作用、相互依存的机制，创造出能够自维持、自复制、自进化的机器人。通过模仿自然界中的种群行为，如蚁群协作、鸟群飞行模式等，设计出具有群体智能的机器人系统，使其在各种环境中能够鲁棒可靠地完成任务，且与自然环境和谐共存。通过模仿自然界中的物种繁衍行为，设计具有复制和进化能力的机器人，以适应不同环境，并提高任务执行的效率。此外，机器人生态圈的研究还强调了机器人与环境的和谐共存。这意味着机器人的设计和操作不仅要考虑到效率和性能，还要考虑到对环境的影响，包括使用可再生能源、减少废物产生，以及设计出能够与自然环境和其他生物体共存的机器人。

尽管机器人生态圈的概念充满了潜力，但它也面临着许多挑战。如何确保机器人的行为符合伦理和法律标准也是一个重要的问题。随着机器人技术的发展，我们必须确保它们的行为不会对人类社会或自然环境造成伤害。然而，这些挑战也带来了新的机遇。机器人生态圈的研究推动了跨学科合作，促进了工程学、生态学、计算机科学等领域的发展。未来的机器人生态圈将是一个高度集成、高度智能的系统。它不仅能够自维持和自复制，还能够通过学习和进化适应不断变化的环境。这些机器人将能够在各种环境中工作，从灾难救援到环境保护，从农业生产到太空探索。随着全球面临环境问题和资源短缺的挑战，机器人生态圈的研究可能为我们提供新的解决方案。

在本书中，我们将深入探讨这一领域的各个方面，包括其理论基础、技术实现、应用案例以及面临的挑战和机遇。我们希望这本书能够为读者提供一个全面的视角，帮助他们理解机器人生态圈的潜力和未来发展的可能性。

除作者外，徐磊硕士、胡能浩硕士亦为相关研究作出了重要贡献，在此一并表示感谢！由于作者水平有限，书中如有不妥之处，敬请批评指正。

目　录

第1章　机器人生态圈概念及其体系结构

1.1　自然界的灵感

自然界生物会通过觅食获取能量，对受损的细胞、组织、器官进行修复，使生物体日常活动所消耗的能量、物质得到补充，机能得到有效维持。随着生物个体的老化，其机能逐渐退化，直至最终凋亡，单个生物个体的生命历程就此结束。生物会在其生命历程的某一时期通过繁衍生殖将遗传信息传递给下一代，产生子代生物，使相关功能和特性在代际间得以延续。此外，在漫长的遗传与进化过程中，生物体会在产生子代时随机发生基因突变，并根据环境的自然选择保留优势突变性状，淘汰劣势突变性状，使得生物种群在不断变化的环境中得以持久生存，并不断进化出新的生物性状。得益于地球广阔的生存空间、多样的地形地貌和丰富的气候条件，在不同地区、不同环境下的生物各自进化出了独具特色的生物功能，使得生物在各自生存环境下不仅能正常维持自身生存，繁衍生殖产生下一代，并不断进化产生新的生物性状，还可以执行各种类型的特定任务，如构筑巢穴、编队飞行、地磁导航等。

大自然的设计巧思总是给人带来无限灵感，若能模仿自然界的神秘力量，并将其融入机器人的设计和制造中，必将推动机器人领域的跨越式发展。

1.2　类生命机器人的起源

随着人工智能和机器人技术的飞速发展，我们见证了机器人从简单的自动化工具逐渐演化为能够模拟生命特征的高级系统。类生命机器人（Artificial Life Robots）作为这一领域的前沿，不仅模仿了生物的行为，还具备了一定程度的自主性和适应性。

类生命机器人的概念最早可以追溯到20世纪80年代。科学家们开始尝试通过计算机模拟生命的形态和行为，以探索生命现象的本质和机制。随着计算机处理能力的提升和人工智能技术的进步，类生命机器人逐渐发展起来。早期的研究主要集中在单个机器人的生命现象模拟，如自主导航、学习能力等。然而，随着研究的深入，科学家们开始关注机器人之间的相互作用和协同行为。从技术特点来说，类生命机器人具备自组织能力、学习与进化能力、自修复与可持续性能力。自组织能力：类生命机器人能够自主组织成群体，形成复杂的社会结构，并展现出群体行为的特性。例如，一些研究者通过设计具有相互作用的机器人，实现了协同运输、任务分工等复杂的集体行为。学习与进化能力：类生命机器人具备学习和进化的能力。通过遗传算法、神经网络等技术手段，机器人可以根据环境反馈进行学习和优化，从而逐渐改进自身的行为和适应性。自修复与可持续性能力：类生命机器人能够自修复，确保系统的可持续性和稳定性。这些特性为类生命机器人在危险环境下的应用提供了巨大优势。

2021年，塔夫茨大学和佛蒙特大学的研究团队发表了一项开创性的研究，他们利用非洲爪蟾的细胞创造了名为Xenobots的小型合成生命机器。这些活体机器人不仅能够自组装、移动和自愈，还能够通过堆叠干细胞复制自身，标志着一种全新的生物繁殖方式的诞生。中国科学院沈阳自动化研究所的研究人员在类生命机器人感知领域取得了新的成果。他们将光遗传学与工程技术相结合，构建了基于活体细胞的生命本征感知器件，为建立类生命机器人系统提供了技术支撑。

1.3　从类生命机器人到机器人生态圈

随着单个类生命机器人的能力不断提升，科学家们开始思考如何将这些机器人整合到一个更大的系统中，形成所谓的机器人生态圈。本团队提出了具有自维持、自复制、自进化特性和执行任务功能的机器人生态圈概念，通过模仿生态系统内的物质流、能量流和信息流，使机器人生态圈利用环境中的物质和资源实现长期生存与发展，执行相关任务并达成预期目标。这个生态圈不仅仅是机器人之间的简单互动，而且是一个高度复杂、相互依存的网络。通过构建类生命机器人群体，研究者们模拟社会行为、群体智能和进化机制等生物学现象。从类生命机器人到机器人生态圈，这一进化之旅不仅仅是技术的突破，更是对生命本质的探索和对人类未来的憧憬。随着机器人生态圈的逐步成熟，我们期待它能够为人类带来更多的便利和福祉，同时也为我们提供对生命、智能和生态的新理解。

自然界生态系统是指在一定的时空范围内，由生物与环境构成的统一整体。在这一整体中，生物与环境之间不断发生作用，相互影响，维持相对稳定的动态平衡状态。

自维持是指机器人生态圈能够持续利用环境中的资源有效开展工作，并及时补充系统所需的物质和能量，在系统出现故障时，对故障进行修复与排除。例如，利用环境中的风能、太阳能、水能、地热能等进行发电，利用环境中的水、矿物等进行原材料的初加工，生成可供机器人生态圈利用的基本材料等；在出现故障时，对故障部位、类型、原因进行探查、排除或修复，使机器人生态圈得以快速恢复运行等。

自复制是指机器人生态圈能够对其所处环境进行发掘、加工和利用，复制产生与其自身形态、结构和功能相一致的子代机器人，使机器人生态圈的功能在代际得以延续。例如，利用环境中的材料生成最基本的元器件，利用模块化复制技术，使机器人可利用最基本的元件快速组装形成具有特定形态的功能模块，组装形成新的子代机器人。

自进化是指机器人生态圈能够根据环境变化和任务需求，学习、优化、拓展出新的机器人形态或功能，对机器人生态圈内的软件和硬件进行升级换代。例如，随任务的不断开展，机器人生态圈不断扩充数据库内的历史数据，完善并优化系统的决策模型，或根据任务经验调整机器人的机械结构或机器人部件的尺寸等。

执行任务的功能是指机器人生态圈可以根据不同任务的不同需求执行相应工作，并达成相应目标。例如，进行森林火情监测、域外目标识别等。

为实现机器人生态圈的上述功能特性，应合理设置各分系统的功能及其交互关系，使各分系统间的物质流、能量流、信息流进一步明确，确保机器人生态圈投入实际应用后可以在无人环境中进行长期演化。

为实现机器人生态圈的自维持、自复制、自进化和执行任务的功能，将机器人生态圈划分为环境支持类、任务管理与控制类、自维持类、自复制类、自进化类和任务执行类六类机器人，如图 1－1 所示。

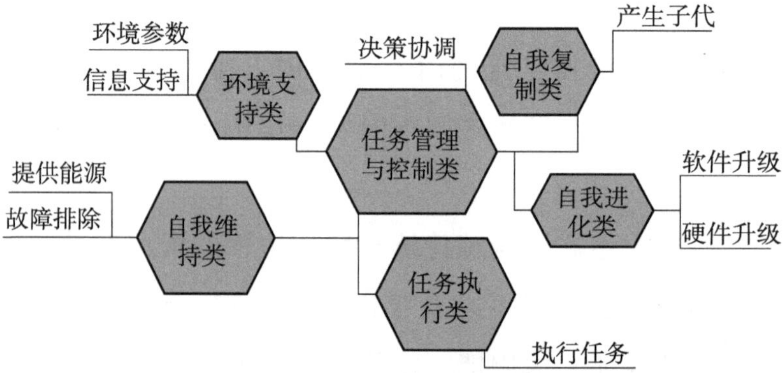

图 1－1　机器人生态圈结构图

其中，环境支持类机器人负责为机器人生态圈提供环境信息和相关基本参数，如环境的温度、湿度、风速等，保障机器人生态圈各分系统对环境信息的基本感知；任务管理与控制类机器人负责整个机器人生态圈的任务决策和协调控制，决定生态圈内的机器人在相应条件下执行任务的类型；自维持类机器人负责为机器人生态圈提供日常运行所需的基本能源和物质，包括提供电能、补给物资，并对其他机器人进行运行维护，对故障进行诊断、识别与维修等；自复制类机器人负责探测、挖掘或采集环境中可供利用的能源与材料，对原料进行加工，打印生态圈所需的各类零部件，在必要时对相关零部件进行装配或拆除；自进化类机器人负责生态圈内机器人软件或硬件的更新换代，使其适应环境变化并获取新的功能；任务执行类机器人负责按照生态圈的部署计划执行相关任务，完成指定目标，如野外环境下的森林火情监测任务、一定范围内的巡逻警戒任务等。机器人生态圈组织架构图如图 1－2 所示。

环境支持类机器人主要负责为机器人生态圈提供基本的环境参数和基本能源供应，包括发电机器人、环境感知机器人等。发电机器人（如光伏发电机器

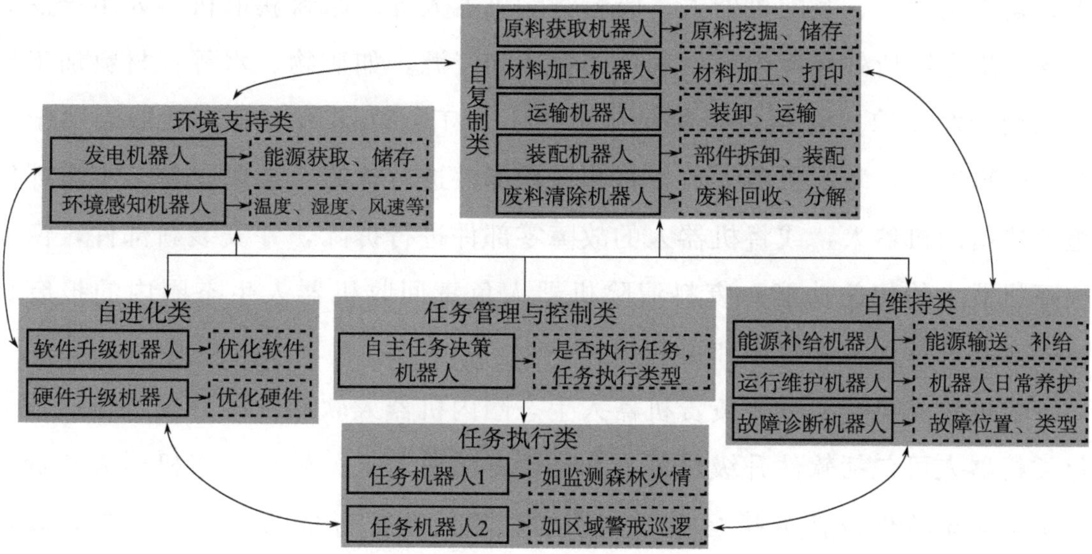

图 1－2　机器人生态圈组织架构图

人、风能发电机器人等）为其他机器人提供电能；环境感知机器人（如气象站机器人、烟雾探测机器人等）为系统提供温度、湿度、降水等级、风力等级等气象信息。

任务管理与控制类机器人主要负责机器人生态圈的自主任务决策，判定在一定条件下其他机器人是否应当执行任务及执行任务的类型等。该类机器人可包括自主任务决策机器人。自主任务决策机器人负责收发生态圈内的环境和状态信息，并根据相关参数做出决策，使得任务机器人根据指令执行有关任务。

自维持类机器人主要负责为机器人生态圈补给能源，进行日常维护、识别并排除故障等，可包括能源补给机器人、运行维护机器人、故障诊断机器人等。能源补给机器人负责为其他机器人提供能源，如进行充电、补水等；运行维护机器人负责其他机器人的日常养护，如定期为其他机器人进行除尘、除湿等操作；故障诊断机器人负责识别其他机器人在运行过程中出现的故障，并进行排除，如判断发生短路的位置、对相关零部件进行替换等。

自复制类机器人主要负责复制产生机器人生态圈内各类机器人的子代机器人，获得与已有机器人形态、结构、功能相一致的子代机器人，使得机器人生态圈得以代际繁衍。自复制类机器人可包括原料获取机器人、材料加工机器人、运输机器人、装配机器人、废料清除机器人等。原料获取机器人用于发掘机器人生态圈所处环境内可供利用的物质和资源，如矿物、水等；材料加工机器人用于对获取的材料进行提纯、铸造、加工、打印等；运输机器人用于装卸、运输货物；装配机器人负责将相关零部件进行拆卸、装配，使多个零部件组装成新的机器人，或将机器人的故障零部件进行拆除，并安装新部件，恢复故障机器人的相关功能；废料清除机器人负责回收机器人生态圈内的报废材料，对其进行加工并分解和再利用。

自进化类机器人主要负责机器人生态圈内机器人软硬件的升级进化。自进化类机器人可包括软件升级机器人和硬件升级机器人。软件升级机器人负责更新优化系统软件或任务执行模式，例如，随任务执行量的增加不断扩充数据库，根据历史数据进行增量学习。硬件升级机器人负责升级系统硬件，例如，缩小机器人某部分部件的尺寸，或增加某些结构，扩充机器人功能等。

合理对上述六类机器人进行设计，对机器人生态圈进行仿真建模研究，分析相关规律并测试有关方法，将可以为未来搭建机器人生态圈实际物理系统提供参考。

第 2 章　机器人自维持

艾萨克·阿西莫夫在其著名的“机器人系列”中设想了一种遵守“三大法则”的机器人，这些法则不仅确保了机器人的安全性，还赋予了它们一定程度的自主性。阿西莫夫笔下的机器人依赖于原子电池，这种能源解决方案以其持久性和几乎无须维护的特性，为机器人的能源自维持提供了可能。另一经典之作《星际迷航》系列则展示了机器人和自动化系统在星际舰队中不可或缺的角色，它们不仅能够自修复和维护，还配备了高效的能源管理系统，以适应宇宙环境中的自维持需求。在刘慈欣的科幻小说《三体》系列中，一种高科技武器“水滴”展示了自适应和自修复的特性，能够在战斗中根据情况改变形态。而在电影《终结者 2：审判日》中，反派天网系统所派遣的终结者 T-1000，以其液态金属的构造和自修复的特性，成为科幻界标志性的创新之一。

科幻作家们的想象力推动了自维持、自修复机器人概念的发展，这些机器人在能源获取、物质循环和自维护方面展现出前所未有的自主性。这些设想超越了现实科技的边界，但它们基于对现有科学原理的合理扩展，为人工智能和机器人技术的未来发展描绘了一幅激动人心的蓝图。

在现实世界中，自维持机器人技术正迅速从科幻走向现实。这些机器人被设计用于执行多样化的任务，包括环境监测、搜索救援、医疗辅助及灾难响应等。自主移动机器人代表了实现能源和物质自维持的重要方向，它们利用传感器和导航系统，能够根据环境变化自主调整路径，优化物质运输和能源获取。纳米机器人则在自修复领域展现出巨大潜力，它们的微小尺寸使其能够精确到达并修复特定的损伤部位。此外，科学家们正在探索液态金属的独特性质，以开发出新型的柔性机器人，这些机器人未来可能通过摄入特定“食物”和进行电化学反应来实现能量的自给自足。

尽管自维持机器人技术取得了令人鼓舞的进展，但仍面临诸多挑战，如提升能源效率、保障运行安全、降低制造成本，以及进一步提高自主性和智能化水平等。然而，随着科技的持续进步，我们有理由期待，在不久的将来，这些先进的机器人将在更广泛的应用领域展现出它们的独特价值。

本章将介绍机器人自维持的概念、关键技术以及团队关于自维持机器人地面演示实验的工作。

2.1 自维持系统的概念

机器人生态圈的发展意味着机器人自主长期生存，这就要求机器人具备自维持能力。自维持机器人是指在没有外部干预的情况下，能够自主地维持其运行和功能能力的机器人。自维持机器人通常具备以下特点：

一是自主适应环境，能够感知环境变化，并根据环境状态调整自身行为，以适应不同的作业条件。

二是自主补充能源和资源循环利用。

三是具备自诊断和修复功能，能够监测自身的健康状况，并在发现问题时及时进行处理，如使用自修复材料封闭损坏部分。

四是具备自主任务决策能力，能够根据环境变化和任务需求自主调整行为策略。

机器人生态圈自维持系统通过上述四种技术能力和相关的必要设施与机器人集群形成交互，最终形成能够自主运行并持续作业的机器人生态圈自维持系统，如图 2-1 所示。

2.2 自维持机器人关键技术

自维持机器人首先需要具备高度发达的感知系统，包括各种传感器，如摄像头、温度传感器、湿度传感器、触觉传感器等。这些传感器使机器人能够实时监测周围环境的变化，包括地形、天气、障碍物等。通过先进的图像识别和模式识别算法，机器人可以将感知到的数据转化为有用的信息，从而识别出环

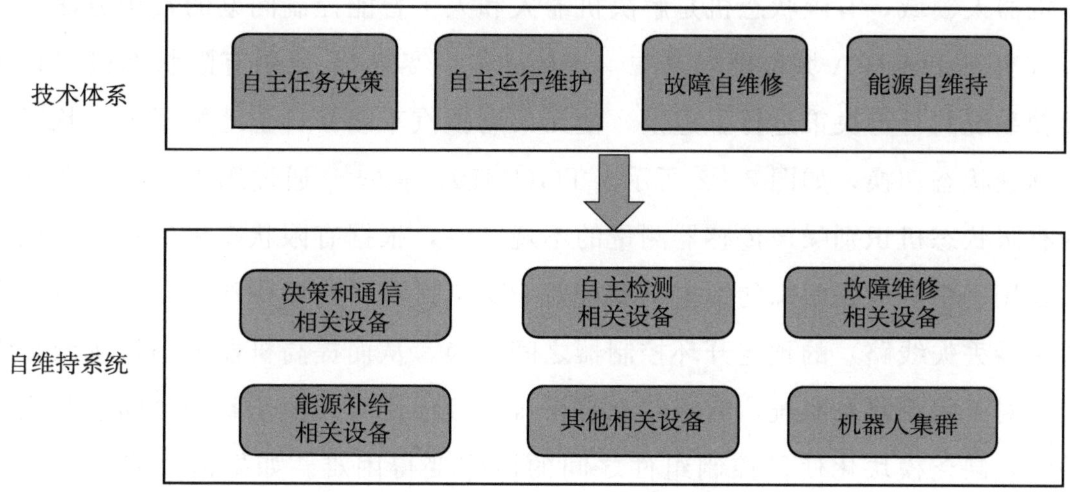

图 2－1　自维持技术体系和自维持系统

境中的关键特征和潜在的威胁。

在某些情况下，单个机器人可能难以应对复杂的环境挑战。因此，自维持机器人还需要具备与其他机器人或系统进行通信和协作的能力。通过共享环境信息和任务状态，机器人群体可以协同工作，共同解决问题。

总结来说，自维持机器人的环境自适应技术是一个多方面的综合体系，它涉及感知、决策、执行、学习、资源管理和通信等多个领域。通过这些技术，机器人能够在不断变化的环境中保持高效和可靠的运行，为人类社会的发展提供支持。

2.2.1　机器人自主行为决策

在感知到环境变化后，机器人需要能够快速做出决策并规划相应的行为。这通常涉及路径规划、避障策略、能源管理和任务优先级调整等方面。机器人的控制系统需要能够根据当前的环境状态和预定的目标，动态地生成行动计划，并指导机器人的执行机构进行精确的动作。机器人自主行为决策方法的研究是多元化和快速发展的。目前，研究者们在机器人行为决策方面主要关注以下几个方面：

（1）有限状态机

有限状态机是一种在状态之间通过事件触发使状态进行转换的数学模型。

在机器人领域，有限状态机是解决机器人和人工智能控制问题的常用方法。在2007年的DARPA城市挑战赛中[1]，Junior参赛组[2]使用有限状态机对自动驾驶系统的行为决策进行了建模，使无人驾驶汽车能够自主地根据环境状况进行驾驶状态切换，如图2-2所示。TOUMPA等人[3]通过用于实时状态估计的有限状态机识别噪声传感器测量的不规则性，根据有限状态机的状态，机器人在用于精确线路跟踪的拟定可变增益PD控制器和处理特殊情况（如机器人传感器丢失线路）的预定开环控制器之间切换，从而提高机器人的轨迹跟随性能。对于大型复杂系统，有限状态机很难实际应用[4]。由于状态之间的高度相关性，缺乏模块化使得控制组件之间的协作变得困难。如果需要修改某个任务，则需要从原始逻辑中修改并重新初始化有限状态机，这可能导致有限状态机存在状态转换数量爆炸式增长的问题[5]。

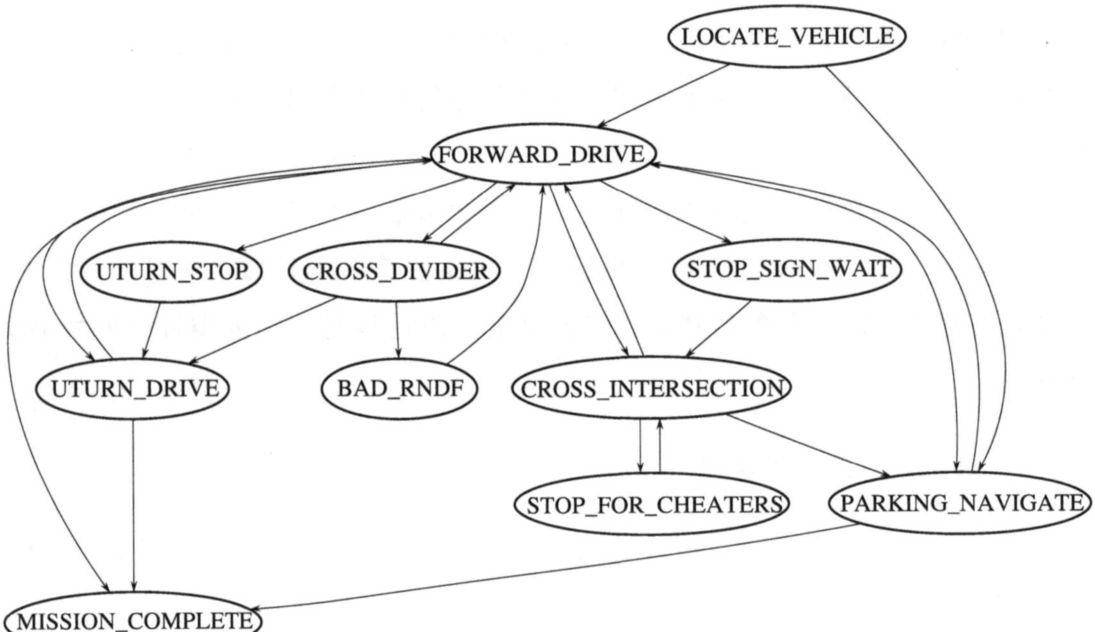

图2-2　控制行为的有限状态机

（2）分层有限状态机

为了解决有限状态机的问题，研究人员提出了分层有限状态机降低状态转换数量的增长，这在一定程度上降低了状态机的复杂度。分层有限状态机的主要思想是添加结构以减少不同组件状态之间的相关性，它可以将一个状态机拆分为同一个层次结构下的多个子状态机。ALELUYA 等人[6] 通过将足球机器人的行为决策分为动作层、角色层和团队决策层，利用分层有限状态机实现足球机器人在动作和角色之间的行为决策。NGUYEN 等人[7] 介绍了一个为家用机器人构建和部署机器人行为的开源系统，用户可使用通用的、参数化的模块通过分层有限状态机的形式构建家用机器人行为。KIM 等人[8] 提出了一种可在层间并发的分层有限状态机的扩展模型，通过直观的任务描述方法添加或更新不同的任务来提高机器人的可用性。CONNER 等人[9] 提出了一种灵活的机器人导航系统，通过将导航系统的全局规划和局部规划及运动控制分开，并使用分层有限状态机来协调行为。但是由于分层有限状态机保留了有限状态机的基本结构，依然存在代码耦合度高的问题[10]。

（3）行为树

为了改进分层有限状态机存在的问题，研究人员提出了基于行为树的行为决策方法。行为树是一种在自主智能体（如机器人或游戏中的虚拟实体）中不同任务之间切换的构建方法，它具备反应性和模块化的特性[11]。相比于有限状态机和分层有限状态机，行为树在修改任务时只需要增加或减少节点，而不需要考虑节点和其他模块之间的耦合问题，同时行为树的模块化设计也增强了其可读性和可维护性。这些特性使越来越多的研究人员用行为树来替代有限状态机和分层有限状态机。

BAGNELL 等人[12] 提出了一种基于行为树的行为决策模型，用于实现机器人灵活抓取物体。LAN 等人[13] 利用行为树作为任务层和运动层的中间接口，实现微型飞行器的任务规划和行为控制。其中，行为树作为行为决策的上层任务决策，同时执行任务并反馈执行结果。FENG 等人[14] 提出了一种基于行为树的多无人车协同行为决策方法，针对复杂环境下和多任务条件下多无人车系统的行为决策问题，通过行为树构建的行为决策系统对当前信息进行处理，形成有效的行为决策，并基于 Robomaster AI 机器人的多无人车协同实验验证了方法的有效性。谢赛东[15] 提出了一种基于行为树模型的用于扫地机器人行为决策的开发平台，扫地机器人的行为决策系统通过行为树解耦动作和行为决策模型之间的关系，构建了扫地机器人常见场景的行为决策模型。潘宇[16] 提出了一种基于行为树的巡检机器人行为决策系统，该系统创建了具有数据共享功能和分层动态调整的行为决策机制，实验表明，得益于行为树方法的反应性特征，巡检机器人能够在不同场景下根据环境变化和任务指令灵活地执行任务。

（4）强化学习

强化学习作为一种自监督学习的方法，已经被广泛应用于机器人的行为决策中。通过与环境的交互，机器人能够自主学习并改进其策略，以达到最优的决策模型。这种方法在提高决策精度、广度及应对不确定因素方面取得了显著进展。强化学习的基本目标是训练智能体（Agent）在与环境交互的过程中，通过试错机制学习到最优策略，以最大化累积奖励，如图 2－3 所示。

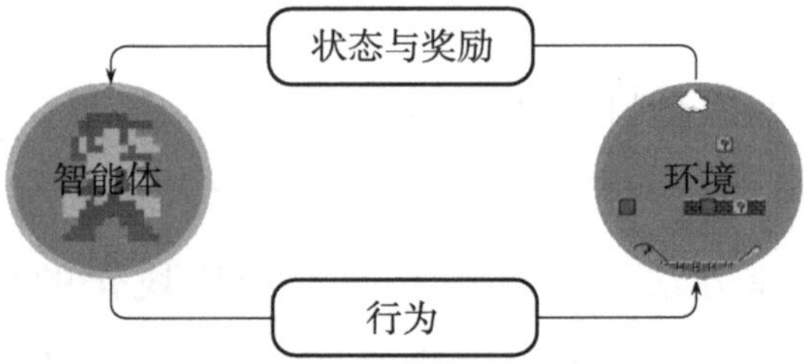

图 2－3　强化学习方法

深度强化学习（Deep Reinforcement Learning，DRL）结合了深度学习的能力，通过神经网络来近似策略或值函数，使其能够处理高维状态空间的问题，如在复杂地形中行走、物体抓取与操作任务等。在多机器人系统的研究中，强化学习被用来实现群体协同，即多个机器人通过学习相互协作以完成复杂任务。研究者提出了基于多智能体系统的软件架构，如 MaRSA，用于支持自主机器人的行为决策和实施。这些架构通过抽象和封装机器人的任务行为和观察行为，实现了感知和执行功能的分离，并促进了不同行为构件间的交互和协同。然而，强化学习在模拟环境中训练得到的策略迁移到真实世界中时仍存在一定的差距。

在上述方法中，行为树方法模型可读性强，分类效果直观。强化学习方法具有自学习优势，可随经验数据的增加逐渐提升模型训练效果，在模式识别、自主决策等方面已获得成熟应用。

2.2.2　能量获取与管理

自主补充能源和资源的机器人主要包括自动充电机器人、移动储能机器人及特定环境下的自供电机器人。这些机器人的发展情况如下：

（1）接触式自动充电机器人

世界上第一个具有自动充电功能的机器人可以追溯到 Grey Walter 于 20 世纪 40 年代发明的名为“Tortoises”的移动机器人[17]，该机器人通过检测光源的方式识别充电站。通过在充电站内部安装一个灯泡作为光源，带有光敏元件的机器人可以跟踪光源并停靠在充电站上，执行接触式自动充电操作。CASSINIS 等人[18] 设计了一种基于测距灯原理的机器人自动充电对接系统，如图 2－4 所示。该系统在充电站上安装两个高度不同的光源，机器人通过视觉传感器识别这两个光源是否处于自身轴线上，以此来判断机器人是否处于能够进行充电对接的位置。

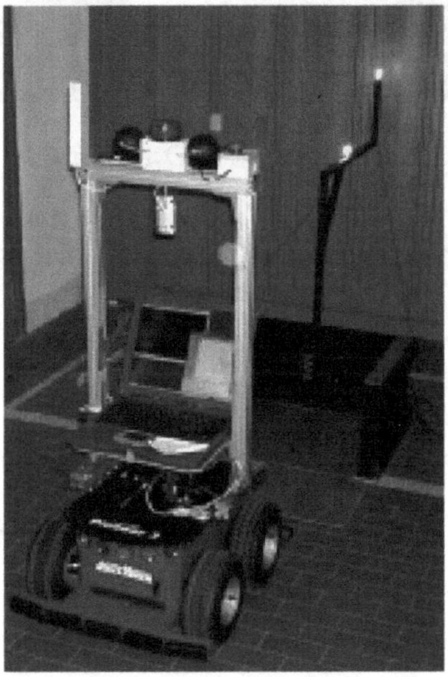

图 2－4　基于测距灯原理的机器人自动充电对接系统

KOYASU 等人[19] 提出了一种通用的自动充电对接系统，该系统不需要任何定制的对接口或人工标记，而是通过应用一种基于粒子滤波的图像跟踪算法，仅需单个摄像头用于识别插座的 3D 位置，并且该系统对于光照变化具有鲁棒性。NAVARRO 等人[20] 设计了一种用于人形机器人 NAO 的自动充电对接系统，如图 2-5 所示。由于滑移和累积定位误差，NAO 难以实现精确定位，该系统采用基于监督强化学习的方法，使机器人精确对准充电触头，实现自动充电。

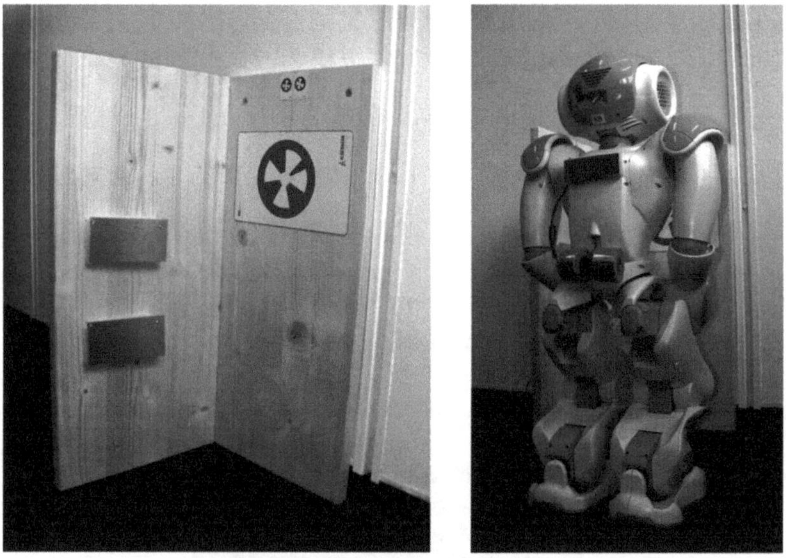

图 2-5　人形机器人 NAO 自动充电对接系统

FAN 等人[21] 提出了一种基于视觉的可在仓库环境中运行的自动对接充电系统，如图 2-6 所示。移动机器人利用视觉识别 AprilTag 二维码，用于提供与对接充电系统的相对位置。该对接机制采用两个过程：搜索过程和对接过程，在仓库环境下的实验表明，该系统的对接精度较高。ZHANG 等人[22] 提出了一种基于红外和超声传感器的移动机器人自动对接充电方法。所述方法涉及两个装置：一个装置安装在移动机器人上，包括两个红外接收器、至少两个超声收发器和一个射频收发器，另一个装置固定在充电桩上，包含一个红外发射器、两个超声波发射器和一个射频收发器。该方法采用自适应平方根无迹卡尔曼滤波器（Adaptive Square-root Unscented Kalman Filter，ASUKF）结合多次超声测量来获得精确的相对位姿。ZHANG 等人[23] 提出了一种智能巡逻机器人自动充电系统[24]，该系统采用了一种红外传感器与激光雷达相结合的方法来实现精确自动对接，机器人通过激光雷达自主导航至充电桩附近，红外传感器安装在充电桩上，机器人底盘上设置了四个红外接收器，以实现自动充电的精确对接。智能巡逻机器人自动充电系统底盘如图 2－7 所示。

图 2－6　基于 AprilTag 的自动对接充电系统

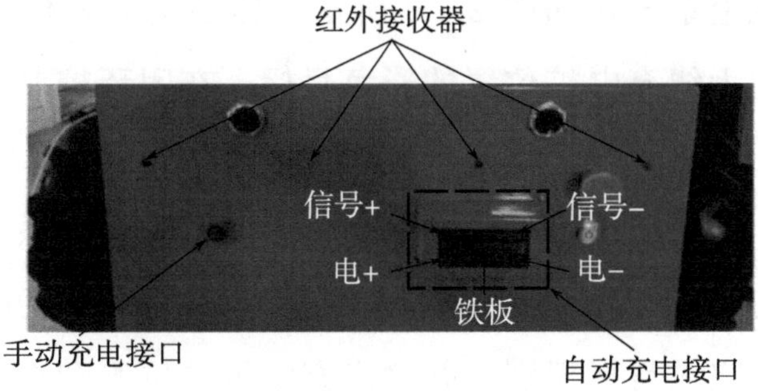

图 2－7　智能巡逻机器人自动充电系统底盘

（2）非接触式自动充电机器人

非接触式自动充电主要通过无线电力传输（Wireless Power Transfer，WPT）的方式将能量传输到目标[24]。通过使用 WPT 技术，电池等供电设备可以利用电磁场进行无线充电。目前，WPT 技术主要包括以下三种方式：电磁感应式、强磁耦合谐振式和微波式。电磁感应式无线电力传输（Inductive Power Transfer，IPT）通过电磁感应原理进行非接触式电力传输[25]，其传输距离一般为厘米级，传输功率可达 100 kW。强磁耦合谐振（Strongly Coupled

Magnetic Resonance，SCMR）式无线电力传输在非辐射性电磁场（Non - radiative Electromagentic Field）中通过固有谐振频率的谐振线圈进行非接触式无线电力传输[26]，其传输距离可达米级，传输功率可达 10 kW。微波式无线电力传输（Microwave Power Transfer，MPT）采用电磁辐射原理[27]，首先将电能转换成微波，然后通过发射天线等装置将微波以电磁辐射的方式传递给接收端，最后将微波转换为电能，实现非接触式无线电力传输。微波式无线电力传输可以实现远距离传输，但是其传输功率较低。WPT 是一项划时代的技术，凭借其较强的适用性，非接触式自动充电将会是未来研究的主要方向之一[28]。

KIM 等人[29] 提出了一种基于视觉的移动机器人无线充电系统，如图 2 - 8 所示。机器人通过视觉传感器获取无线充电发射端信息图像，采用了霍夫变换和 SURF（Speeded - Up Robust Features）算法识别目标，图像数据中的姿态信息用于控制移动机器人运动。CORTES 等人[30] 提出了一种基于颜色检测的移动机器人无线充电系统，如图 2 - 9 所示。移动机器人使用视觉传感器和监控算法来接近标记无线充电桩位置的彩色目标，在闭环控制中使用专用的失调感应线圈，以纠正机器人相对于充电桩的横向微小失调。KIM 等人[31] 提出了基于 SSD（Single Shot Detector）的移动机器人无线充电系统。移动机器人通过视觉传感器识别无线充电桩，通过 SSD 算法提前识别充电桩形状，并通过机载嵌入式控制器完成目标识别，并输出充电桩的位置和姿态，识别结果如图 2 - 10 所示。

图 2 - 8　基于视觉的移动机器人无线充电系统

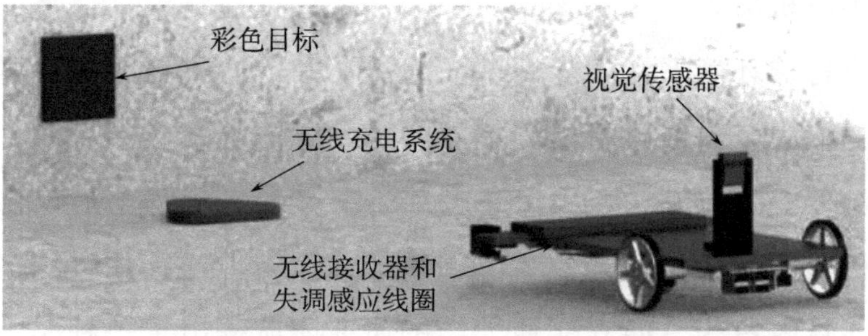

图 2 - 9　基于颜色检测的移动机器人无线充电系统

图 2 - 10　无线充电桩识别

传统的自动充电方法采用机械接触式连接，移动机器人通常没有足够的位置精度，无法与充电站进行精确自动对准，充电站周围通常设置有导向机构，用于纠正机器人位置，以确保与充电站的稳定接触[32]。然而在实际情况下，充电端子可能受到粉尘、雨雪等影响，物理连接存在显著缺陷，包括环境暴露造成的损坏、电气短路风险和触点磨损，在煤矿场等易燃易爆的场所，充电端子产生的电火花还会造成火灾、爆炸等事故。相比于传统的接触式自动充电，移动机器人的非接触式自动充电技术无须通过物理布线及手动更换电源供能，具备高度的灵活性、便捷性和可持续性[33]，同时，非接触式自动充电技术对于机器人的对接容忍度较高，降低了移动机器人进行无线充电的精度和复杂度要求。

（3）自供电机器人

在极端或特殊环境下，如深海、极地、矿井等，机器人需要具备自主补充能源和资源的能力。自供电机器人能够通过内置的能量收集系统，从环境中获取能量，如温度差、振动、压力等，并将这些能量转换为电能以供自身运行。

自供电机器人的关键技术之一是能量收集，包括振动能量收集、太阳能、热能及体动能量收集等。西安交通大学的研究团队提出了一种结合压电和摩擦电原理的自供电无线传感节点，能够通过振动能量收集实现自供电。

中国农业大学的研究团队开发了基于体温取能的自供电柔性可穿戴传感系统[33]，实现了无源低功耗生理监测传感器的长期工作，如图 2－11 所示。

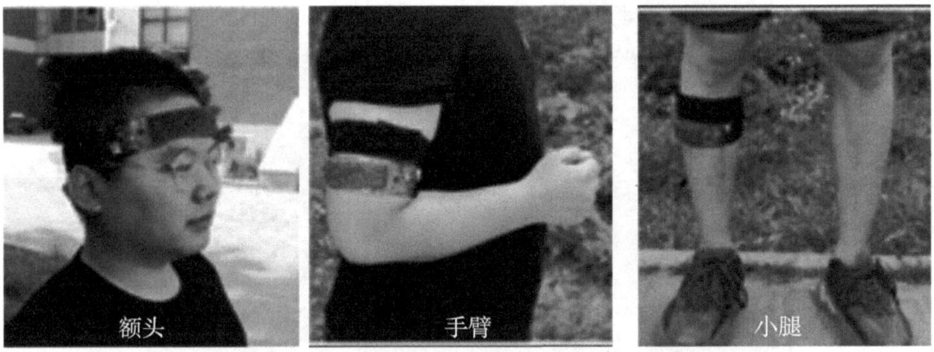

图 2－11　中国农业大学研发的自供电柔性可穿戴传感系统

中国自供电软体机器人成功挑战了马里亚纳海沟[34]，如图 2－12 所示，实现了万米海底深潜和驱动。这类机器人通常集成了高效能源管理系统和自主补给技术，能够在完成任务的同时保证能源供应。

哈佛大学研制的新一代 RoboBee X－Wing 采用了四扑翼飞行系统，机体长 5 cm，质量 259 mg，是迄今为止最轻的飞行器[35]。如图 2－13 所示，此时的 RoboBee 淘汰了电源线，通过太阳能电池提供动力，只要有光源，就能够持续不断地飞行。这种微型机器人昆虫可以实现垂直起飞、悬停和转向。其内部采用压电致动器扇动翅膀，当电场作用时，陶瓷条会膨胀和收缩。以碳纤维机身框架中嵌入的塑料薄铰链作为关节，精细的平衡控制系统负责控制扑翼机器人的旋转运动，每个机翼都是实时独立控制的。机器人蜜蜂可应用于分布式环境监测、搜索和救援行动，以及协助农作物授粉等领域。

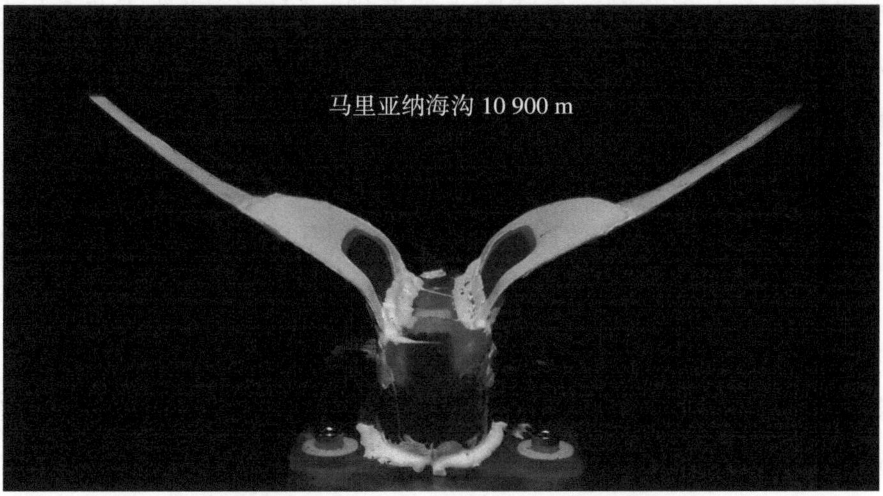

图 2 - 12　软体机器人在马里亚纳海沟万米深海驱动实验

图 2 - 13　RoboBee X - Wing

自供电机器人在农业、医疗、家庭服务、特殊环境作业等领域展现出广泛的应用潜力。例如，农业机器人可以实现自主监测和操作，而医疗康复机器人可以在不依赖外部电源的情况下，为患者持续提供护理和康复服务。

2.2.3　机器人故障识别

机器人自主故障识别与修复技术是机器人领域的一个重要研究方向，旨在使机器人在发生故障时能够自检测并采取相应的修复措施。

随着机器学习、神经网络算法的飞速发展，故障诊断技术及其应用领域得到了巨大提升。故障诊断技术主要分为基于信号处理的故障诊断、基于模型的故障诊断和基于数据的故障诊断。

(1) 基于信号处理的故障诊断方法

通过提取设备监测信号数据中的方差、频率、幅值等特征进行故障诊断（见图 2-14），信号特征主要分为：时频特征与图元特征。其中，分析方法中频谱分析法与小波变换法最为常见。根据信号处理方法来进行故障诊断研究，往往需要采集系统运行过程中的大量数据。在传统的旋转设备故障诊断研究中，时域与频域分析均取得了良好的效果。

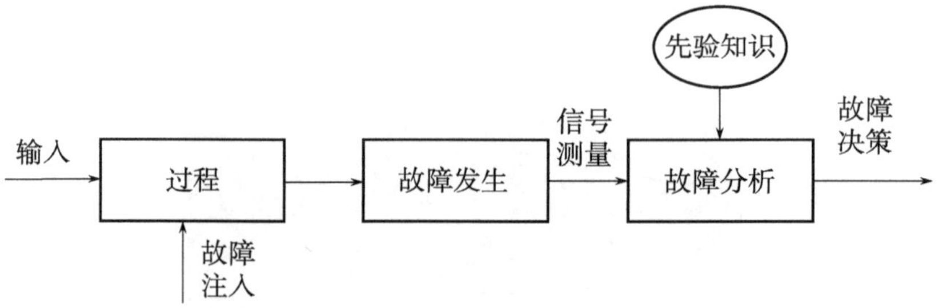

图 2-14　基于信号处理的故障诊断

(2) 基于模型的故障诊断方法

基于模型的研究方法可以分为：基于解析模型、基于精确数学模型、基于定性模型及定量模型等，其基本原理是根据系统内部结构与运动属性进行系统的数学模型建模，将传感器采集到的实际物理系统的观测值进行计算，从而对系统进行状态信息分析与故障诊断（见图 2-15）。其中参数处理方法主要有：状态空间法、参数估计法、卡尔曼滤波法。

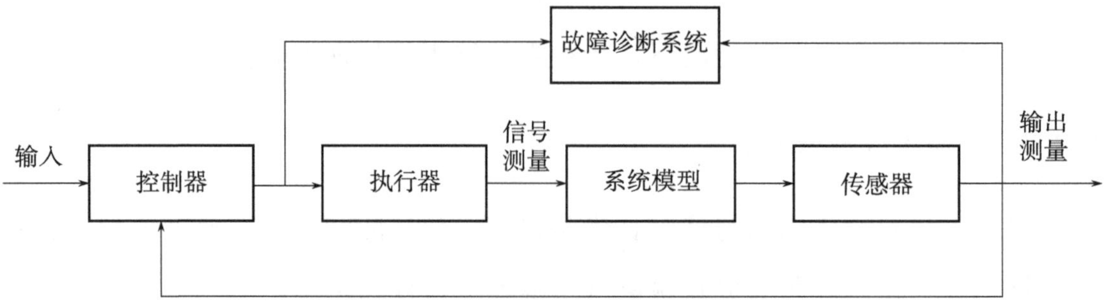

图 2-15　基于数学模型的故障诊断

(3) 基于数据的故障诊断方法

基于数据的故障诊断方法即在设备运维检修过程中，记录累积的设备运行数据与人员工作经验，建立可用于判别设备运行有无出现故障的知识库，利用知识库即可模拟专家知识进行设备的故障诊断（见图 2-16）。随着人工智能的发展和机器学习技术的成熟，深度学习技术在机器人自主故障检测中的应用越来越广泛。根据神经网络模拟人的学习过程，对设备运行数据进行自学习归纳推理，高效、高准确度对比设备的故障状态数据与无故障状态数据间的特征差异，从而实现对设备故障的诊断。相较于传统信号处理方法，神经网络方法对于数据源的处理具有良好的学习泛化与自适应能力，对于复杂的非线性系统也能很好地适用。

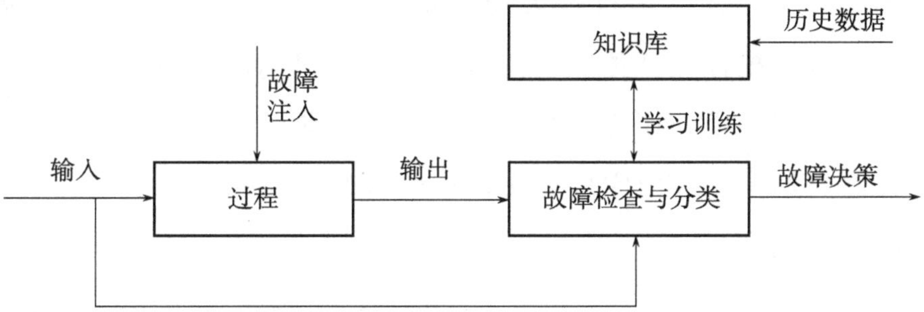

图 2-16　基于数据的故障诊断

2.2.4　机器人自主修复

在面对环境挑战时，自维持机器人必须具备一定的自修复技术，这可能包括对损坏的部件进行临时性的物理修复，或者通过软件层面的调整来绕过硬件故障。

早在 2017 年，比利时布鲁塞尔自由大学的一组研究人员开发出了一种能够在受损时自修复的机器人。它的柔软机械手臂，由一种聚合物制成。当这个机械手臂受损时，可以通过加热的方式来进行修复，当加热到 80 ℃时，这种聚合物的受损程度将会不断减轻，直至恢复原状，一旦冷却，它将恢复到原来的形状和强度。主导这项研究的 Bram Vanderborght 在报告中指出：“机器人的损伤可以完全修复，不会留下任何缺陷。”

东京大学的研究人员开发了一种具备自检修能力的机器人 PR2[36]，该机器人可以通过使用 CAD 数据精确计算自体螺钉的位置，并通过重新搜索驱动程序进行图形搜索来拧紧螺钉，实现自修复和自拓展。如图 2－17 所示，PR2 有两条手臂，每条手臂有七个关节，手臂末端配备一个可以张合的夹爪；PR2 依靠底部的四个轮子移动，在头部、胸部、肘部、夹爪上分别安装有高分辨率摄像头、激光测距仪、惯性测量单元、触觉传感器等丰富的传感设备。PR2 可以独立完成多种复杂的任务，如 PR2 可以自己开门、找到插头给自己充电、打开冰箱取出啤酒、简单打打台球等。

康奈尔大学的工程师们正在努力重建机器人的自修复能力[37]，他们开发的一种小型软体四足海星机器人能利用光来检测外部受损状况，并当场进行自修复，如图 2－18 所示。该机器人像昆虫一样大小，可完成跳跃、爬行的动作。研究人员将可拉伸光纤传感器安装在四足海星的软体机器人中，并为其配备反馈控制。在实验中，研究人员将它的一条腿刺了六次，之后机器人能够检测到损伤并在大约 1 min 内完成每次伤口的自修复。机器人还可以根据感知到的损伤情况自动调整步态。

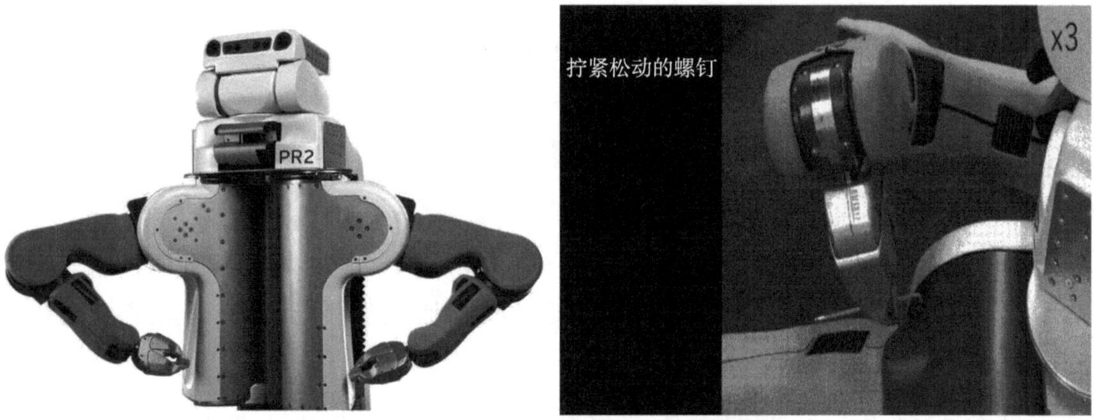

图 2－17　PR2 机器人自维修

美国西北大学研究人员制造的软体机器人能够检测到自身受到的伤害，并停下来进行自修复。这种机器人的顶部覆盖着一层由透明橡胶材料制成的自修复传感器，可以跟踪机器人的运动[37]。并且在传感器被切断时，其暴露面会发生化学反应，从而修补伤口。该机器人长约 12 cm，形状像字母 X。它通过

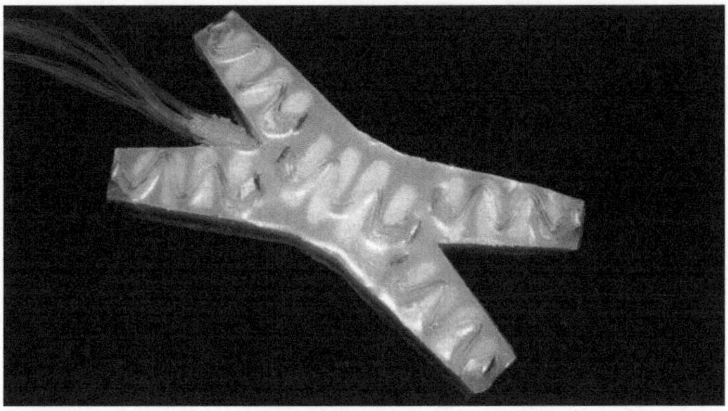

图 2 - 18　四足海星软体机器人

压缩空气，使躯体起伏，并抬起 4 条腿进行移动。研究人员通过用小刀刺机器人上的传感器测试其“损伤智能”，如图 2 - 19 所示。在被刺后，正在运动的机器人会静止约 1 min，让伤口愈合，然后继续移动。

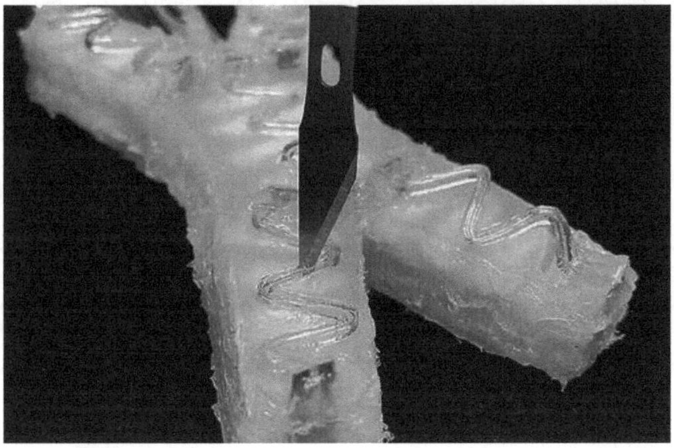

图 2 - 19　软体机器人“损伤智能”测试

这种具有自修复部件的软体机器人可以在危险环境中工作，而具有自修复能力的传感器可以集成到可穿戴设备中，如太空服，以应对太空碎片造成的服装损坏。沈海军等人[38] 提出了一种基于纳米机器人实现火星服修复的概念，其核心是使纳米机器人模仿生物体血液中的“血小板”功能，使其在需要时自动填充至受损部位，如图 2 - 20 所示。

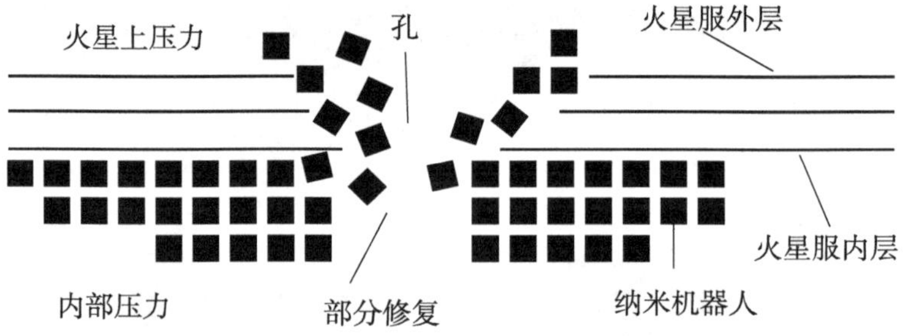

图 2-20 纳米机器人聚拢修复火星服

2.3 自维持机器人地面演示系统

在机器人生态圈自维持技术体系中，能源自维持是最基础、最核心的一项自维持能力，移动机器人又是能源自维持最常用的应用场景。该部分主要介绍移动机器人能源自维持行为决策、能源补给、系统集成、实验验证等相关研究。

能源自维持系统是机器人生态圈中使机器人具备长期生存能力的重要组成部分，机器人根据自身状态和环境信息的反馈，自主进行能源补给。能源自维持系统的基本组成有两部分，移动机器人和能源补给系统。移动机器人作为机器人生态圈中的执行者，需要能够判断自身能源状态，并根据需要自主进行能源补给。能源补给系统是能源自维持系统中的能源提供者，需要具备给移动机器人补充能源的能力。

2.3.1 自维持移动机器人系统设计

建立能源补给系统和移动机器人的分层组织体系，采用结构化和模块化方法，设计各结构和模块功能，并通过各个结构之间的信息交互组合各个模块形成适用性好、扩展性强的机器人生态圈能源自维持系统。能源自维持系统的总体框架如图 2-21 所示。

移动机器人包括机器人底层感知和驱动控制单元、决策层。机器人底层感知和驱动控制单元负责从环境中获取信息，决策层处理相关数据信息，然后下发相应的控制指令，底层感知和驱动控制单元作为执行器执行相应的行为。决策层基于行为树建立移动机器人的运行逻辑，并进行迭代式扩建，构建起行为决策模型，该模型在运行时执行相应的运动控制模块或能源补给模块。

能源补给系统包括标志物和无线充电设备两部分。标志物包含特征信息，移动机器人可通过底层感知单元识别对应的特征信息，从而完成对能源补给系统的精确识别。无线充电设备通过电磁感应的方式进行能量传递。在能源补给过程中，移动机器人接近能源补给系统唤醒式启动无线充电。待充电完成后，无线充电设备停止工作，能源补给过程结束。

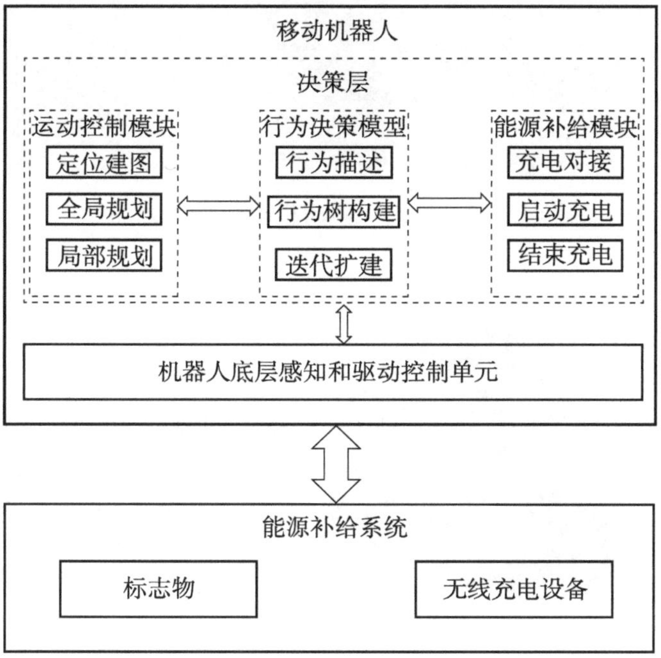

图 2－21　能源自维持系统的总体框架

自维持系统采用的机器人平台为基于 ROS 开发的移动机器人，如图 2－22 所示。该移动机器人采用四轮麦克纳姆轮（Mecanum Wheel）底盘。麦克纳姆轮由轮毂和固定在外周的许多小辊子构成，轮轴和辊轴之间的夹角通常为 45°，如图 2－23 所示。每个轮子具有三个自由度，分别是绕轮轴转动、沿垂直于与地面接触的辊子的辊轴方向移动、绕轮子和地面的接触点转动。麦克纳姆轮成对使用，底盘共有两个左旋轮和两个右旋轮，其中左旋轮和右旋轮呈手性对称，这种结构增加了机构的稳定性，同时可以使移动平台实现全向移动。

图 2 - 22　移动机器人外观

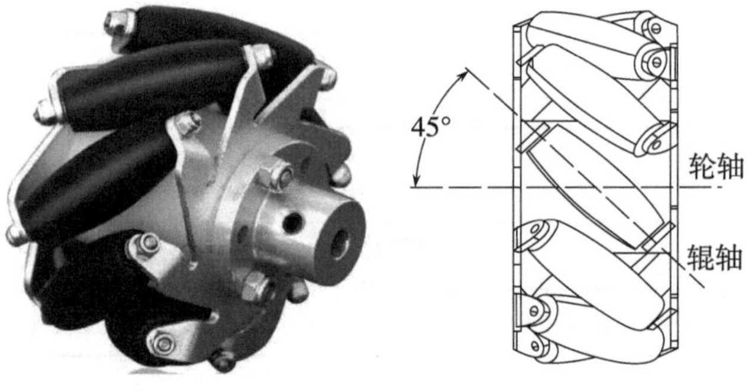

(a) 麦克纳姆轮实物　　(b) 轮轴和辊轴

图 2 - 23　麦克纳姆轮

移动机器人硬件系统采用分布式控制结构，ROS 主控采用 Jetson TX1 机载计算机，底层主控为 STM32 单片机，底层感知单元包括激光雷达、光电编码器、IMU 传感器、深度摄像头等，底层驱动控制单元为电机及驱动器。移动机器人硬件系统结构如图 2 - 24 所示。

ROS 主控 Jetson TX1 机载计算机是移动机器人行为决策中各种模块算法实现的载体。ROS 主控能够读取深度摄像头、激光雷达和底层主控传递的数

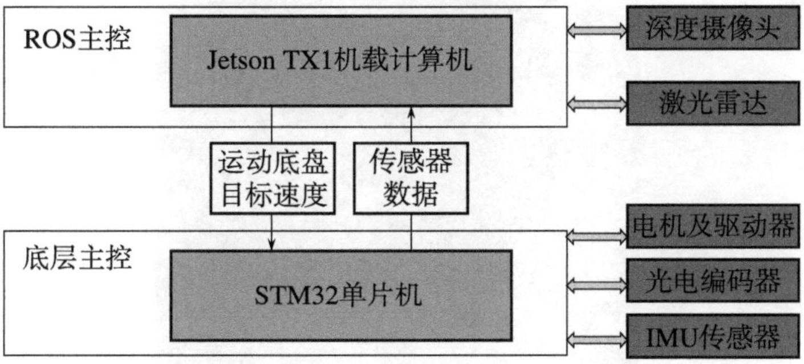

图 2-24　移动机器人硬件系统结构

据信息，通过决策层得出相应的运动指令，并将指令传递给底层主控。

底层主控 STM32 单片机用于读取光电编码器、IMU 传感器信息等底层感知单元并发送给 ROS 主控，同时也读取 ROS 主控传递的运动指令，并控制电机及驱动器，实现移动机器人的运动控制。

2.3.2　自维持系统地面实验设计

机器人生态圈能源自维持系统地面实验是为了验证基于行为树的能源自维持系统行为决策构建方法以及基于突变点检测和无线充电的机器人能源补给系统的可行性。机器人生态圈能源自维持系统地面实验设计如下：

在实验室环境下，构建机器人能源自维持的行为决策模型，移动机器人通过由行为决策模型和运动控制模块、能源补充模块组成的决策层实现自主能源补给。移动机器人可在地图中的任意位置和能源补给系统对接，记录对接的成功次数和对接偏差。

通过地面实验，测试基于行为树的机器人能源自维持系统行为决策构建方法的有效性和反应性，并对基于突变点检测和无线充电的机器人能源补给系统的对接结果和效率进行分析。

在机器人实际决策过程中，在室内环境下开展实验，如图 2-25 所示。黑色圆圈处为能源补给系统，中央放置障碍物，通过移动机器人的定位建图功能对实验室环境进行建图。

首先，运行移动机器人的定位建图模块，在 Rviz 可视化界面中可以看出

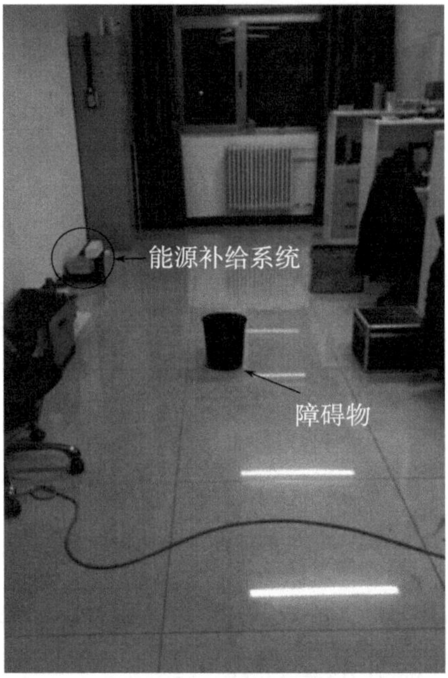

图 2-25　实验室环境示意图

移动机器人已经通过激光雷达的运转建立了一部分地图，如图 2-26 所示。通过采用远程控制的方式来使移动机器人运动，从而将一定空间内的地图建立完整。通过使移动机器人在一定范围内运动，建立起一个相对完整的实验室环境的 2D 地图，如图 2-27 所示。建图过程中出现的连续红点为激光雷达实时探测到的边界，而黑色线段为激光雷达所确定的障碍物边界。

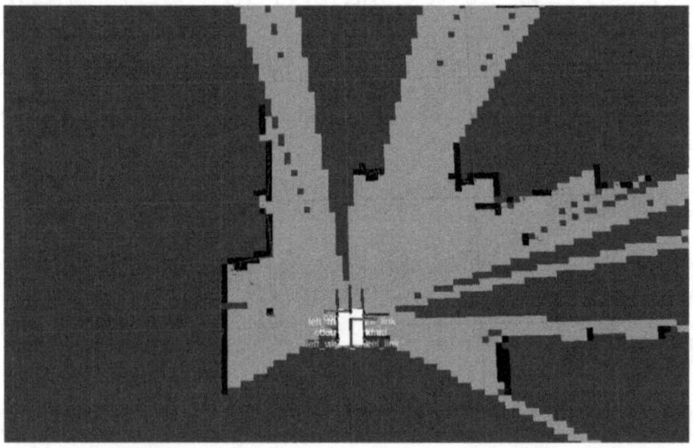

图 2-26　刚开启定位建图模块的 Rviz 显示界面（见彩插）

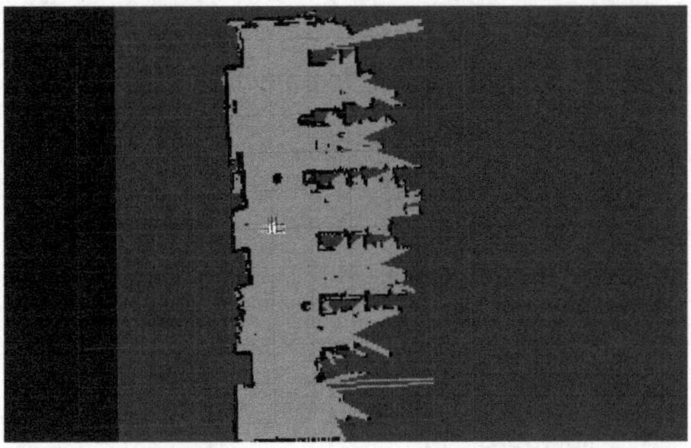

图 2 - 27　实验室环境的 2D 地图（见彩插）

2.3.3　基于行为树的能源自维持

能源补充行为树体现了在无人值守的情况下，机器人自主补充能源的能力。当移动机器人能源不足时，机器人会自主前往能源补充系统。它由一个回退节点、“能源充足判断”条件节点和“补充能源行为”动作节点组成。能源补充行为树如图 2 - 28 所示。

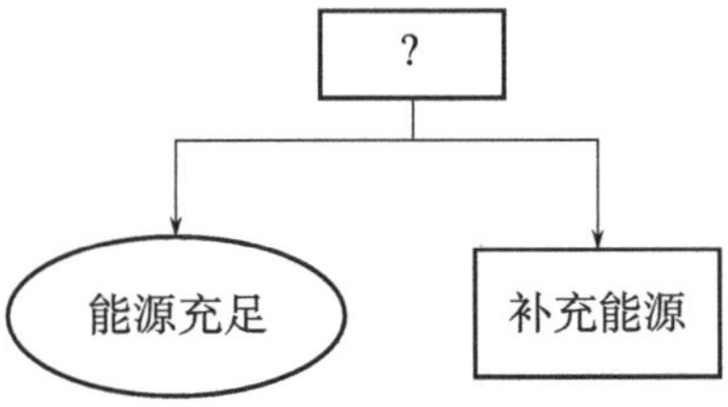

图 2 - 28　能源补充行为树

在能源自维持系统地面实验中，移动机器人需要具备在地图上自主导航前往能源补给系统并完成充电对接的能力，通过 PPA 行为树框架对能源补充行为树进行扩展。

首先，明确后置条件为“能源充足”，最终要达成的目标是使移动机器人能够保持充足的能源。在第一次迭代过程中，当移动机器人执行“补充能源”动作时，首先要满足前置条件“到达充电区”，然后才能执行“充电对接”的动作，按照 PPA 行为树框架扩展后的行为树如图 2 - 29 所示。在第二次迭代过程中，后置条件变更为“到达充电区”。为了确保移动机器人能够成功抵达充电区，移动机器人通过自主导航，执行“路径规划”和“跟随路径”动作前往该区域。经过两次迭代式扩展，移动机器人“能源补充”任务形成了相应的行为决策。形成的行为树如图 2－30 所示。

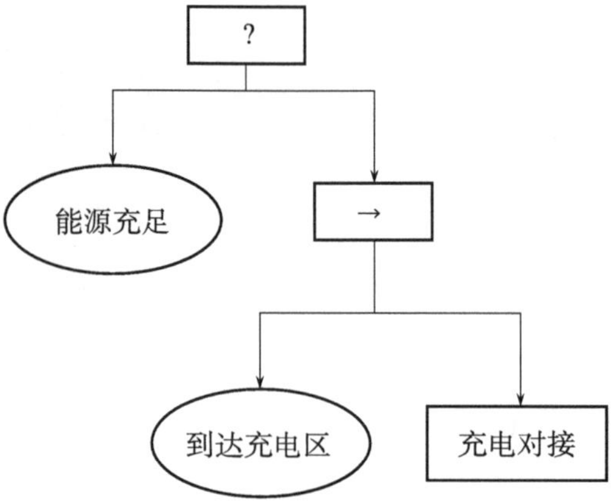

图 2－29　第一次扩展后“能源补充”PPA 行为树

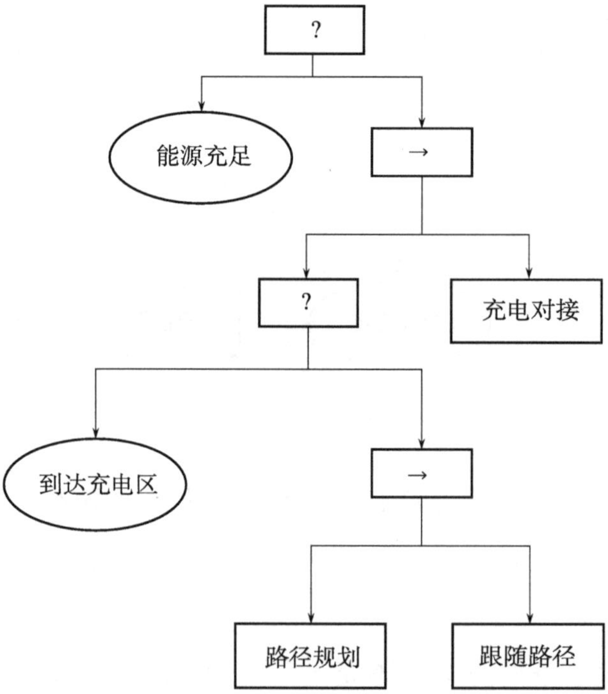

图 2－30　第二次扩展后“能源补充”PPA 行为树

“充电对接”动作采用移动机器人和能源补给系统对接策略，“路径规划”和“跟随路径”动作由移动机器人运动控制模块中的全局路径规划和局部路径规划实现，最后通过基于 ROS 的开源工具 ROS - Behavior - Tree 实现行为树引擎。

通过以上步骤，最终完成基于行为树的能源自维持系统地面实验行为决策模型的构建。

2.3.4　实验结果与分析

本节对基于行为树的机器人能源自维持系统行为决策构建方法以及基于突变点检测和无线充电的机器人能源补给系统进行验证。

在实验室环境下，移动机器人选择任意位置作为起点，采用 Gmapping 算法构建栅格地图。实验开始时设定移动机器人能源不足，需要通过自主行为决策进行能源补给。

当能源不足时，“能源充足”条件节点返回“失败”，行为树开始判断“到达充电区”条件节点。由于移动机器人未处于充电区，机器人开始执行“路径规划”和“跟随路径”的动作。移动机器人路径规划的过程如图 2 - 31 所示，机器人通过 Dijkstra 算法在实验室环境下全局规划出一条从初始点到达充电区

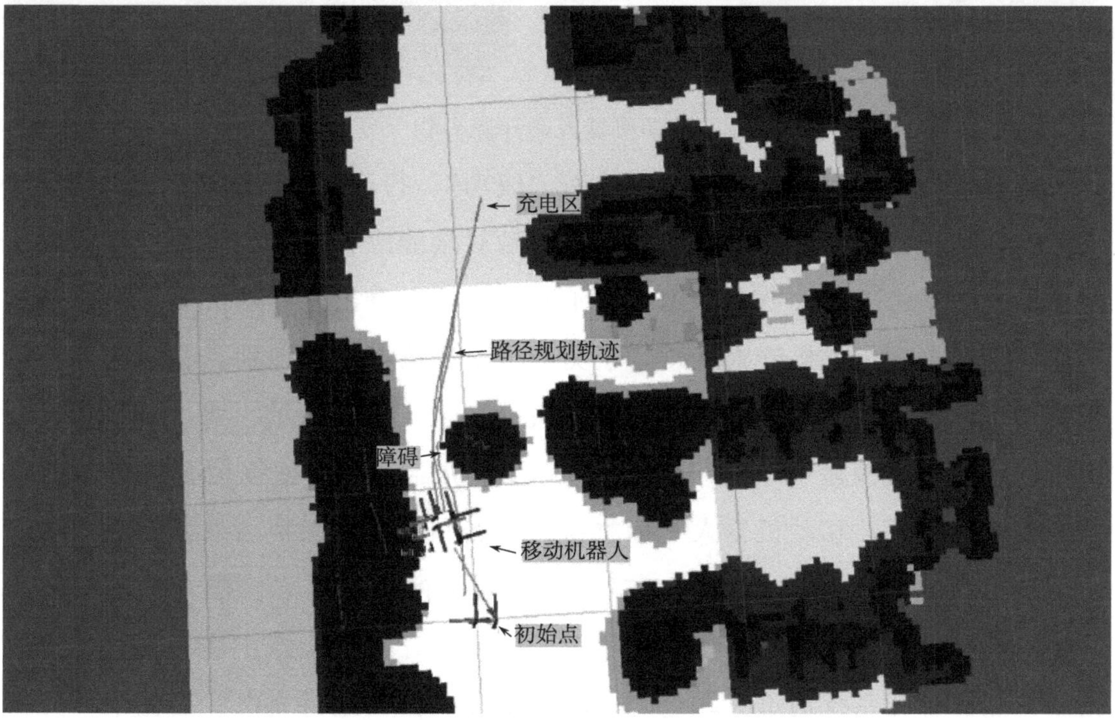

图 2 - 31　移动机器人路径规划（见彩插）

的轨迹。在跟随路径的过程中，机器人采用 DWA 算法进行局部规划，寻找最优路径，如图 2 - 32 所示。移动机器人在跟随轨迹的过程中通过局部规划避开障碍。最终，机器人成功跟随轨迹抵达充电区，如图 2 - 33 所示。

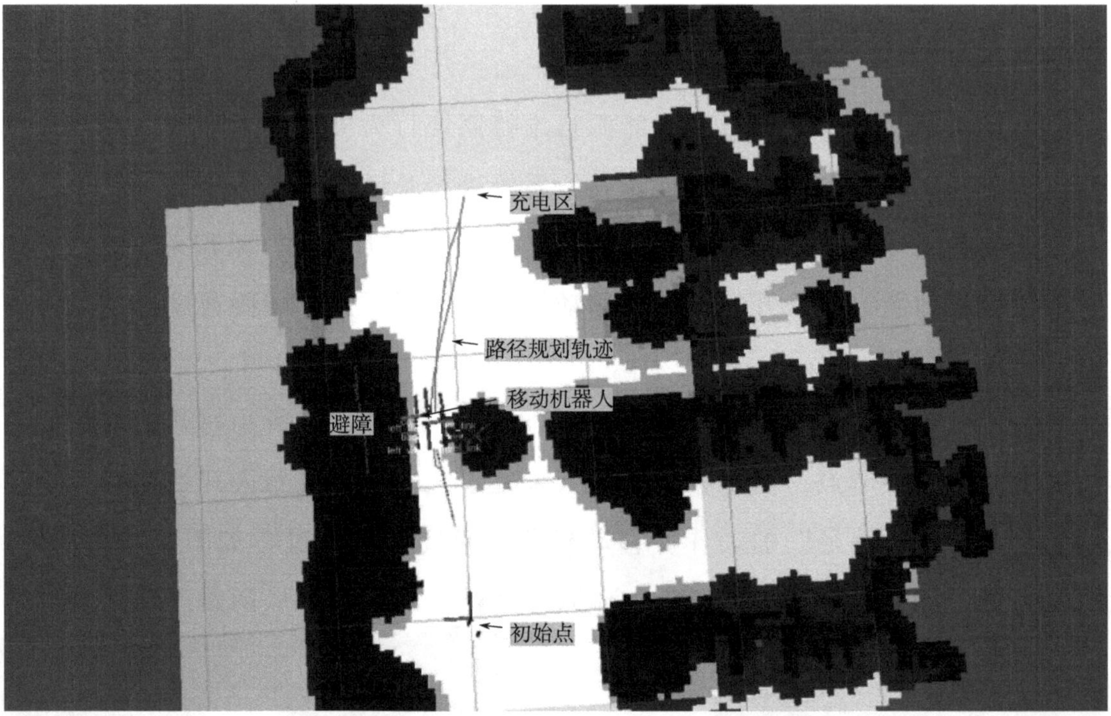

图 2 - 32　移动机器人避开障碍物（见彩插）

此时“到达充电区”条件节点返回“成功”，行为树开始执行“充电对接”动作。移动机器人启动对接程序，开始自动对接能源补给系统。首先机器人检测自身姿态是否正对墙壁，如图 2 - 34 所示。可以看出，移动机器人姿态基本正对墙壁。接下来，机器人通过基于突变点检测的标志物识别算法对能源补给系统的标志物进行识别，将突变点和中心点通过 Rviz 显示出来，如图 2 - 35 所示，此时角度偏差 $|\theta|=6.12° > 5°$，移动机器人需要根据位置关系进行调整。姿态调整后，移动机器人对标志物突变点和中心点识别结果如图 2 - 36 所示，此时角度偏差 $|\theta|=2.88° < 5°$，满足对接的角度容忍范围，移动机器人开始降低速度并向前移动对接。抵达对接区域后，机器人停止移动并发出充电指令，能源补充系统通过无线电力传输开始对机器人进行充电。当整个“充电对接”动作完成后，行为树遍历结束。

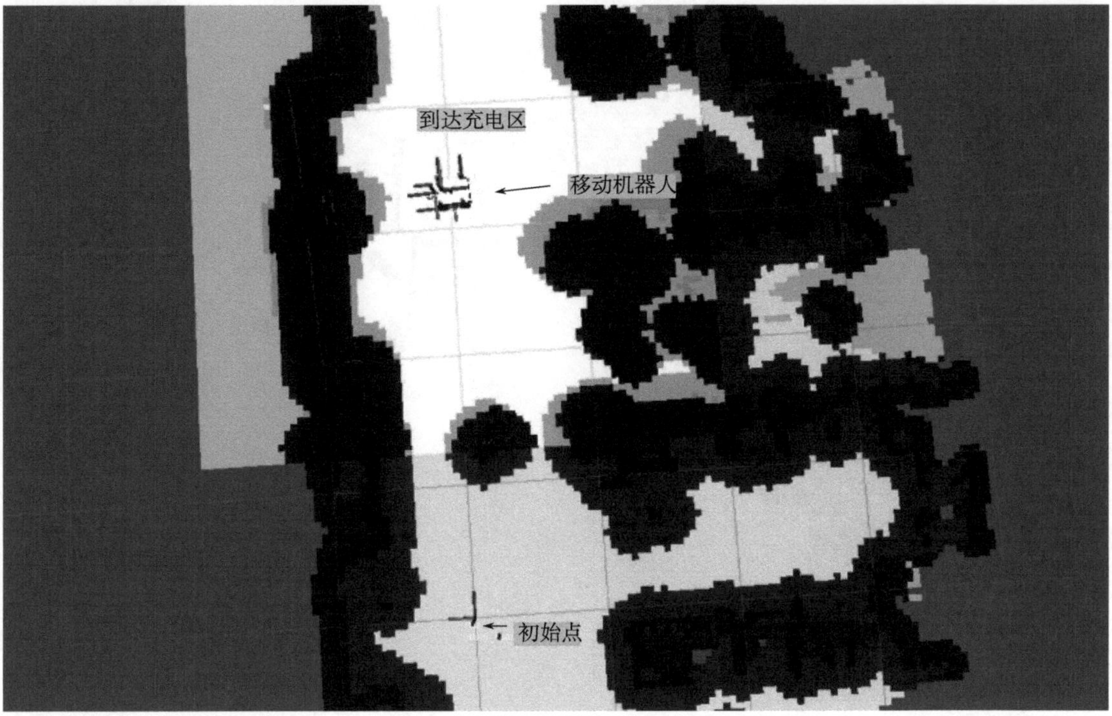

图 2－33　移动机器人到达充电区（见彩插）

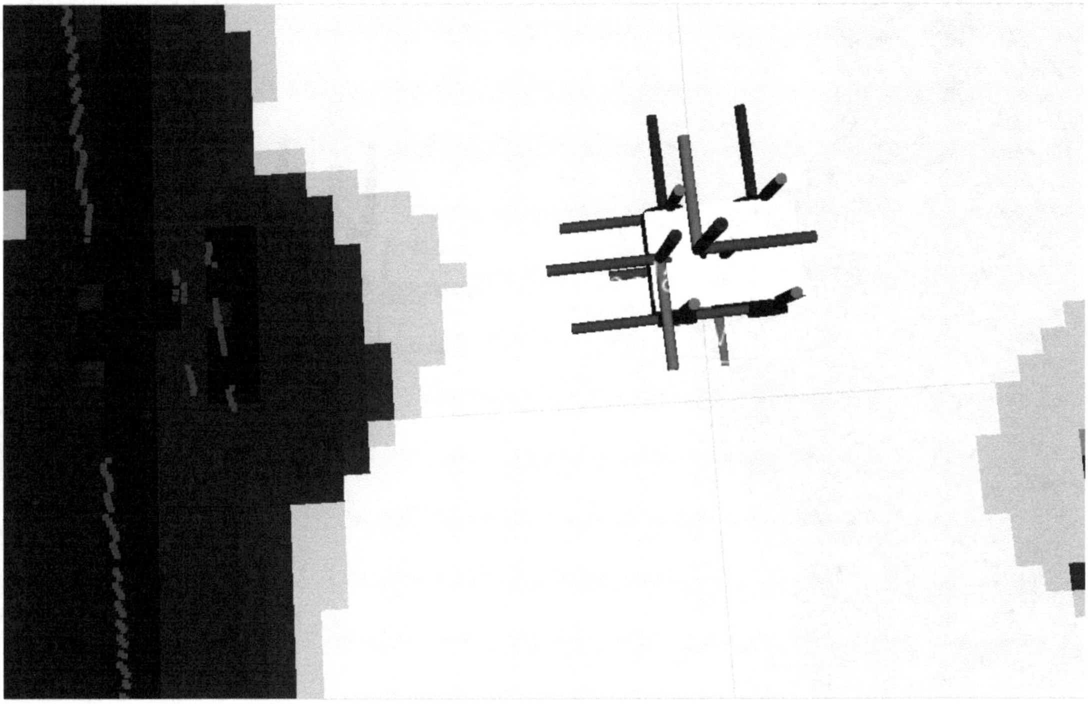

图 2－34　移动机器人姿态（见彩插）

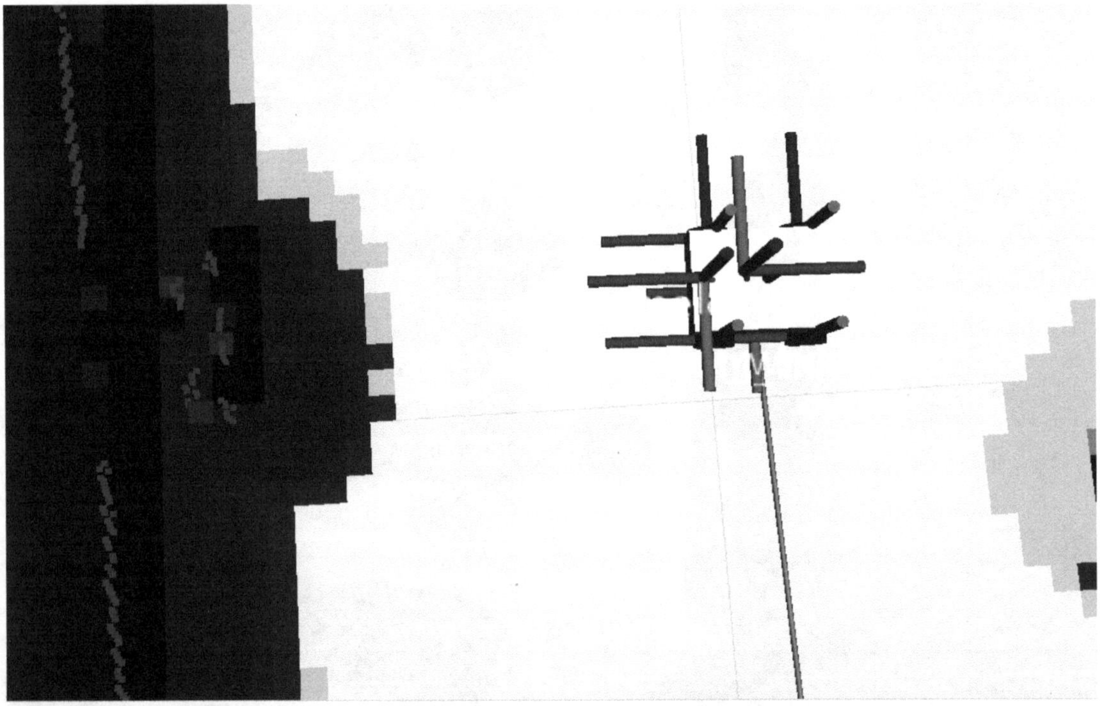

图 2-35　标志物突变点和中心点识别结果（见彩插）

图 2-36　姿态调整后标志物突变点和中心点识别结果（见彩插）

能源补给系统对于机器人的对接具有一定的容忍度，无线充电模块工作的水平偏移量为 0～50 mm，只要移动机器人对接的水平偏差小于 50 mm 即可正常进行能源补给。本节针对移动机器人和能源补给系统对接策略进行测试，通过多次实验验证该对接策略的有效性。

在实验之前，首先定义水平偏差的基准。以能源补给系统的无线充电模块发射端“+”字形充电区域标记中心为基准，设定向左的水平偏差为负，向右的水平偏差为正，则满足对接要求的水平偏差的范围为 100 mm，能源补给系统的无线充电模块发射端对接水平偏差如图 2 - 37 所示。

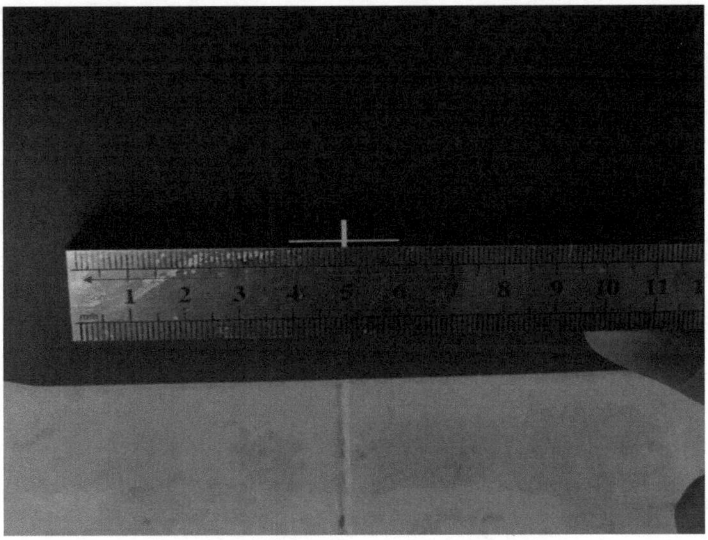

图 2 - 37　对接水平偏差

通过测量移动机器人和能源补给系统的对接水平偏差，得到的测量数据见表 2 - 1。可以看出，对接水平偏差最大值为 29.1 mm，最小值为 11.9 mm，满足无线充电模块正常工作的水平偏移量 50 mm 以内的要求。

表 2 - 1　对接水平偏差的测量值

次数	数值
1	25.3 mm
2	18.2 mm
3	−29.1 mm
4	20.7 mm

续表

次数	数值
5	－23.2 mm
6	－13.9 mm
7	－18.8 mm
8	11.9 mm
9	23.3 mm
10	14.4 mm

根据以上对接测试和实验数据的分析可知，本章提出的移动机器人和能源补给系统的对接策略是有效的，即在移动机器人本身行进偏移误差和激光雷达识别误差存在的情况下，移动机器人仍能精确对准能源补给系统并完成充电操作。

参考文献

[1] DARPA. DARPA Urban Challenge [EB/OL]. [2021 - 07 - 21] https://www.darpa.mil/about - us/timeline/darpa - urban - challenge.

[2] MONTEMERLO M, BECKER J, BHAT S, et al. Junior: The stanford entry in the urban challenge [J]. Journal of field Robotics, 2008, 25 (9): 569 - 597.

[3] TOUMPA A, KOURIS A, DIMEAS F, et al. Control of a line following robot based on FSM estimation [J]. IFAC, 2018, 51 (22): 542 - 547.

[4] KLÖCKNER A. Behavior trees for UAV mission management [C] //INFORMATIK 2013: informatik angepasst an Mensch, Organisation und Umwelt. 2013: 57 - 68.

[5] BOJIC I, LIPIC T, KUSEK M, et al. Extending the JADE agent behaviour model with JBehaviourTrees Framework [C] //KES International Symposium on Agent and Multi - Agent Systems: Technologies and Applications. Berlin, Heidelberg: Springer, 2011: 159 - 168.

[6] ALELUYA E R M, ZAMAYLA A D, TAMULA S L M. Decision - making system of soccer - playing robots using finite state machine based on skill hierarchy and path planning through Bezier polynomials [J]. Procedia Computer Science, 2018 (135): 230 - 237.

[7] NGUYEN H, CIOCARLIE M, HSIAO K, et al. Ros commander (rosco): behavior creation for home robots [C] //2013 IEEE International Conference on Robotics and Automation. IEEE, 2013: 467 - 474.

[8] KIM R, KWON H T, CHI S, et al. A coordination model for agent behaviors using hierarchical finite state machine with inter - level concurrency [C] //2016 International Conference on Information and Communication Technology Convergence (ICTC). IEEE, 2016: 359 - 364.

[9] CONNER D C, WILLIS J. Flexible navigation: finite state machine - based

integrated navigation and control for ROS enabled robots [C] //SoutheastCon 2017. IEEE，2017：1－8.

[10] 刘瑞峰，王家胜，张灏龙，等．行为树技术的研究进展与应用 [J]. 计算机与现代化，2020 (2)：76－82.

[11] COLLEDANCHISE M，ÖGREN P. Behavior trees in robotics and AI：An introduction [M]. Boca Raton：CRC Press，2018.

[12] BAGNELL J A，CAVALCANTI F，CUI L，et al. An integrated system for autonomous robotics manipulation [C] //2012 IEEE/RSJ International Conference on Intelligent Robots and Systems. IEEE，2012：2955－2962.

[13] LAN M，LAI S，LEE T H，et al. Autonomous task planning and acting for micro aerial vehicles [C] //2019 IEEE 15th International Conference on Control and Automation (ICCA) . IEEE，2019：738－745.

[14] FENG S，XI J，GONG C，et al. A collaborative decision making approach for multi－unmanned combat vehicles based on the behaviour tree [C] //2020 3rd International Conference on Unmanned Systems (ICUS) . IEEE，2020：395－400.

[15] 谢赛东．扫地机器人行为决策开发平台设计与实现 [D]. 广州：华南理工大学，2021.

[16] 潘宇．面向巡检机器人的远程运行管理及决策规划系统设计 [D]. 杭州：浙江大学，2022.

[17] WALTER W G. The living brain [J]. Archives of Neurology and Psychiatry，1953，70 (5)：686.

[18] CASSINIS R，TAMPALINI F，BARTOLINI P，et al. Docking and charging system for autonomous mobile robots [J]. Department of Electronics for Automation，University of Brescia，Italy，2005.

[19] KOYASU H，WADA M. Plugin－docking system for autonomous charging using particle filter [C] //Society of Photo－optical Instrumentation Engineers (SPIE) Conference Series. 2017.

[20] NAVARRO G N，WEBER C，SCHROETER P，et al. Real－world reinforcement learning for autonomous humanoid robot docking [J]. Robotics and Autonomous Systems，2012，60 (11)：1400－1407.

[21] FAN G R, WANG G. Vision - based autonomous docking and re - charging system for mobile robot in warehouse environment [C] //2017 2nd International Conference on Robotics and Automation Engineering (ICRAE). IEEE, 2017: 79 - 83.

[22] ZHANG J, CAI L, CHU Y, et al. A sectional auto - docking charging control method for the mobile robot [C] //2019 IEEE International Conference on Mechatronics and Automation (ICMA). IEEE, 2019: 330 - 335.

[23] ZHANG Z, MENG Y, SONG B, et al. Design and implementation of an automatic charging system for intelligent patrol robot [J]. Systems Science & Control Engineering, 2018, 6 (3): 19 - 27.

[24] RIM C T, MI C. Wireless power transfer for electric vehicles and mobile devices [M]. Hoboken: John Wiley & Sons, 2017.

[25] AYDIN E, AYDEMIR M T, AKSOZ A, et al. Inductive power transfer for electric vehicle charging applications: a comprehensive review [J]. Energies, 2022, 15 (14): 1 - 24.

[26] BARRETO J, KADDOUR A S, GEORGAKOPOULOS S V. Optimized and miniaturized conformal strongly coupled magnetic resonance systems [C] //2021 IEEE 21st Annual Wireless and Microwave Technology Conference (WAMICON). IEEE, 2021: 1 - 4.

[27] SHINOHARA N. History and innovation of wireless power transfer via microwaves [J]. IEEE Journal of Microwaves, 2021, 1 (1): 218 - 228.

[28] ZHANG Z, PANG H, GEORGIADIS A, et al. Wireless power transfer: an overview [J]. IEEE Transactions on Industrial Electronics, 2018, 66 (2): 1044 - 1058.

[29] KIM J O, RHO S, MOON C W, et al. Imaging processing based a wireless charging system with a mobile robot [M] //Computer Applications for Database, Education, and Ubiquitous Computing. Berlin, Heidelberg: Springer, 2012: 298 - 301.

[30] CORTES I, KIM W. Autonomous positioning of a mobile robot for wireless charging using computer vision and misalignment - sensing coils [C] //2018

Annual American Control Conference (ACC). IEEE, 2018: 4324 - 4329.

[31] KIM J, MOON C. A robot system maintained with small scale distributed energy sources [J]. Energies, 2019, 12 (20): 3851.

[32] KARTOUN U, STERN H, EDAN Y, et al. Vision - based autonomous robot self - docking and recharging [C] //2006 World Automation Congress. IEEE, 2006: 1 - 8.

[33] LU Y, YU D, DONG H, et al. Magnetically tightened form - stable phase change materials with modular assembly and geometric conformality features [J]. Nature Communications, 2022, 13 (1): 1397.

[34] LI G, CHEN X, ZHOU F. et al. Self - powered soft robot in the Mariana Trench [J]. Nature, 2021 (591): 66 - 71 .

[35] JAFFERIS N T, HELBLING E F, KARPELSON M. et al. Untethered flight of an insect - sized flapping - wing microscale aerial vehicle [J]. Nature, 2019 (570): 491 - 495.

[36] MUROOKA T, OKADA K, INABA M. Self - repair and self - extension by tightening screws based on precise calculation of screw pose of self - body with CAD data and graph search with regrasping a driver [C] //2019 IEEE - RAS 19th International Conference on Humanoid Robots (Humanoids). Toronto, ON, Canada, 2019: 79 - 84.

[37] BAI H, et al. Autonomous self - healing optical sensors for damage intelligent soft - bodied systems [J]. Science Advances, 2022, 8 (49): eabq2104.

[38] 沈海军，陈裕．火星服修复纳米机器人 [J]. 世界科技研究与发展，2005，27 (4): 59 - 64.

第3章　机器人自复制

自复制（Self-replication）是一种动力学系统，该系统能产生与自身相同或相似的复制体。在适当的环境下，生物细胞通过细胞分裂进行繁殖。在细胞分裂过程中，DNA被复制并在生殖过程中传递给后代。生物病毒也可以复制，但只能通过感染过程控制细胞的生殖机制。例如，有害的朊病毒蛋白可以通过将正常的蛋白质转化为反常形式来复制。计算机病毒则是利用计算机上已有的硬件和软件进行复制。

自复制在机器人学中一直是一个重要的研究方向，也是科幻小说中的一个热门主题。不过，在多数作品里，类似的机械往往扮演了一种灾难性的反面形象，如图3-1所示。科幻作品《无敌号》（*The Invincible*）原著小说的核心设定之一便是自复制机器人。《无敌号》中，数百万年前两种智能机械在瑞吉斯3号行星表面存活下来，留在了星球表面。其中一类由核能提供动力，拥有足够的智能和战斗力；另一类仅由最简单的零件组成，没有智能，也不能完成复杂的专业任务。这些机器在自然选择的压力下开始了自主进化，前者建立起复杂的城市，后者则形成了遍布星球的灰云，与此同时，它们也和本地的生物群系争夺生存空间。生存竞争以灰云的胜利而告终，在消灭了本地生物和其他智能机器人后，灰云和整个星球融为一体。1986年，分子纳米技术的先驱德雷克斯勒在其著作《创造的发动机》中提出了一种设想，在缺乏固有极限的情况下，拥有自复制功能的纳米机械“灰蛊”（Grey Goo）将拥有指数级别的增殖能力，而这种增长模式将使它们能够轻易击败并抹杀任何一种生命。有观点认为高度复杂的自复制机应该总是处于一种衰退的状态中，因此无论是《无敌号》中的灰云还是《创造的发动机》中的“灰蛊”都应该不具备实现的可能性。最复杂的机器只能制造出复杂度略低的产品，有关机械本身的信息在一次次的复制中逐渐失真和简化，最终再也无法实现子代的生产。但是冯·诺依曼以生物演化案例为依据提出的猜测都指出了另一种可能——复杂度的衰退并非不可避免，而且复杂的个体是能够被比它简单得多的个体创造出来的。

(a)《无敌号》

(b)《创造的发动机》中的“灰蛊”

图 3-1　科幻作品中的自复制机器人

在现实世界中，自复制在多个领域都有着重要的意义和应用。在生物学中，自复制的概念是生命基本特征之一。DNA 的复制过程与冯·诺依曼的模型有着惊人的相似性，都是通过精确的模板指导来生成新的结构。在计算机科学中，自复制模型为编程语言和算法的设计提供了新的视角。它启发了自复制程序、病毒和蠕虫等概念的发展。自复制模型为人工智能和机器人技术的发展提供了灵感。研究者们试图创造出能够自复制的机器人，这将极大地降低太空探索和建设的成本。在纳米技术领域，自复制模型被认为是实现分子制造的关键。通过自复制的纳米机器人，科学家们希望能够在分子层面上制造出几乎任何物质。

最近，随着许多国家和私营公司重新燃起对太空探索的兴趣，自复制机器人系统的概念再次进入人们的视野，成为一项潜在的有益技术。这项技术也许是扩大外太空资源利用的唯一可行途径，因为它能够用于在太空中建造人类栖息地的结构，并利用巨大的清洁能源资源。根据其行为特点，自复制机器人分为“直接复制”和“间接复制”。具体来讲，“直接复制”是指能够在一代内生产出与机器人自身一模一样的复制品。“间接复制”是指能够生产出一个或多个中间机器人，这些中间机器人又能够生产出原始机器人的复制品。在机器人设计、材料加工和制造技术方面，仍有许多具有挑战性的研究问题有待解决。

3.1 冯·诺伊曼的基础性工作

自复制模型这一概念最早由数学家、物理学家和计算机科学家的先驱冯·诺依曼在 20 世纪 40 年代末期提出[1]，是 20 世纪最著名和最具影响力的科学思想之一。冯·诺依曼的自复制模型不仅在生物学和生物技术领域产生了深远的影响，也在计算机科学、人工智能和机器人技术等领域激发了大量的研究和讨论。

冯·诺依曼的自复制模型是一种理论上的自动机，它能够利用周围的资源进行自复制。这个模型的核心思想是，如果一个系统能够精确地复制自己的结构和功能，那么它就具备了自复制的能力。这种能力使得系统不仅能够维持自身的存在，还能够在适当的条件下无限增殖。

3.1.1 模型的结构和工作原理

冯·诺依曼的逻辑模型简单，适用于广泛的系统。冯·诺依曼的自复制模型由两部分组成：通用构造器和存储器。通用构造器负责从环境中获取原材料，并根据存储器中的图纸和指令制造出新的机器部件。存储器则包含了机器的蓝图和运行所需的程序。

通用构造器：这是模型的物理部分，它能够执行一系列操作，包括切割、焊接和组装等，以制造出新的机器部件。通用构造器能够根据存储器中的指令精确地复制出与自身相同的结构。

存储器：存储器包含了机器的遗传信息，即机器的结构图纸和控制其行为的程序。这些信息以一种稳定的编码形式存在，确保即使在复制过程中也能保持信息准确无误。

自复制过程从存储器中的程序激活通用构造器开始。构造器根据存储器中的图纸制造出新的部件，并按照程序中的指令组装成一个新的机器。当新机器完全组装好后，它将拥有与原始机器相同的存储器和构造器，因此也能够进行自复制。

关于自复制自动机的复制过程，冯·诺依曼给出了一个抽象的自复制机模型。在他的设计中，自复制机包含三个组件：1）关于自身结构的"描述文件"ϕ（类似于蓝图或编码）；2）能够阅读并按照任何"描述文件"构建机器的通用构造模块 A，但构建过程不包括生成"描述文件"；3）能够复制任何"描述文件"的通用复制模块 B。在通用构造模块基于"描述文件"构建新机器后，使用通用复制模块生成该"描述文件"的副本并放入新机器中，进而生成该自复制机器的复制品。构造通用机器 A 的指令可以编码在表示为 $\phi(X)$ 的信息存储介质中。构造机器 A 的动作表示为

$$A + \phi(X) \rightarrow A + X \tag{3-1}$$

复制模块 B 的表示法

$$B + \phi(X) \rightarrow B + \phi(X) + \phi(X) \tag{3-2}$$

控制器 C 协调 A 和 B 的动作，使它们能够一起工作

$$(A + B + C) + \phi(X) \rightarrow (A + B + C) + X + \phi(X) \tag{3-3}$$

最后，当给出 $\phi(A + B + C)$ 指令时，组合系统 $(A + B + C)$ 将进行自复制，有

$$(A + B + C) + \phi(A + B + C) \rightarrow (A + B + C) + (A + B + C) + \phi(A + B + C) \tag{3-4}$$

冯·诺依曼的重要贡献是机器的"描述文件"，通过通用复制模块复制并传递给后代的过程具有双重用途：既是再生产中构建机制的主动组成部分，又是被动复制过程的目标。这一部分由冯·诺依曼的通用构造模块、通用复制模块和"描述文件"（类似于图灵的指令磁带）来扮演。

尽管冯·诺依曼的自复制模型具有巨大的潜力，但它也带来了一系列挑战和伦理问题。首先，如果自复制机器失去控制，可能会导致资源的过度消耗和环境的破坏。其次，自复制机器可能会引发关于机器权利和责任的伦理讨论。例如，自复制机器被用于制造武器或进行破坏活动。

总之，冯·诺依曼的自复制模型是一个跨学科的研究领域，它不仅推动了科学技术的发展，也引发了关于生命、机器和未来的深刻思考。随着科技的进步，我们有理由相信，自复制模型未来将在许多领域发挥重要作用。

3.1.2 开放式机器进化

冯·诺依曼还注意到植物和动物虽然都可以生育后代，但是历经多代的生命繁衍并非简单地复制前代相同的生命，自然繁殖的复制过程中会出现源源不断的复制错误和变异，根据物竞天择的进化原则，对外界环境交互不利的变异将被淘汰，有利的变异则比较容易保留下来，从总体上使得变异的结果是生命体得到了改良。有机生命的自复制是进化的，而机械的自复制则是退化的。一台机器如果可以制造另外一台机器，那它必须要懂得组成机器的每个部件、掌握新机器的设计和组装过程中用到的工具。总而言之，母机的精确度和复杂度必然不能比子机更低。复杂度这点是无须解释的，精确度上也容易理解：譬如以工业中最常用于制造机器部件的机床为例，母机床的精度必须要比通过母机床制造出来的子机床精度高，才有可能制造出符合精度要求的下一代子机床，而使用子机床再复制出下一代子机床，精度还会进一步下降。所以冯·诺依曼的自复制机理论中，必然不能是一比一的直接复制，也必须引入随机变异这一生物进化的重要特征。冯·诺伊曼在他的自复制的逻辑模型中就包含了这样一种可能性：生产系统（$A+B+C$）的指令被一个附加特征 D 的指令所扩充，D 提供了一些新的能力。这种改进可以被复制并延续到下一代，有

$$(A+B+C)+\phi(A+B+C+D)\rightarrow(A+B+C)+(A+B+C+D)+\phi(A+B+C+D) \tag{3-5}$$

机器人进化的一些开创性工作使用计算机模拟来同时进化机器人的身体和控制器，然后进行 3D 打印和物理测试[2]。最近的一项概念验证研究[3] 展示了允许两个物理机器人的初始种群经历一个生命周期并产生后代机器人的工作流程和支持基础设施。在相关工作[4,5] 中，改良的工业机器人手臂充当母代机器人，自动构建、评估和进化简单的机器人。在这些早期的演示中，选择运动作为期望改进的能力是很自然的，因为运动比组装等更复杂的任务更容易实现。此外，母代机器人比被创造的机器人后代要复杂得多。但随着技术的进步，自复制的机器人可以合理地利用开放式进化来创造新的制造方法，后代的能力自然也会提高。

3.2　自复制的有向图模型

3.2.1　模型的建立

有向图是一种描述自复制机器工作流程的图形化表示方法，其中节点（Vertices）代表各种实体或对象，而边（Edges）代表实体之间的方向性关系或转换过程。在自复制机器的上下文中，有向图可以帮助我们理解从原材料到复制品的整个制造过程。以下是使用有向图描述自复制机器工作流程的一般步骤。

（1）定义节点类型

资源（Resources，用 R 表示）：包括能源、原材料和信息等。制造单元（Manufacturing Units，用 M 表示）：包括机器人臂、3D 打印机、组装线等制造设备。产出（Outcomes，用 O 表示）：包括加工后的材料、机器、废料等。自复制模型的三个集合，如图 3－2 所示。

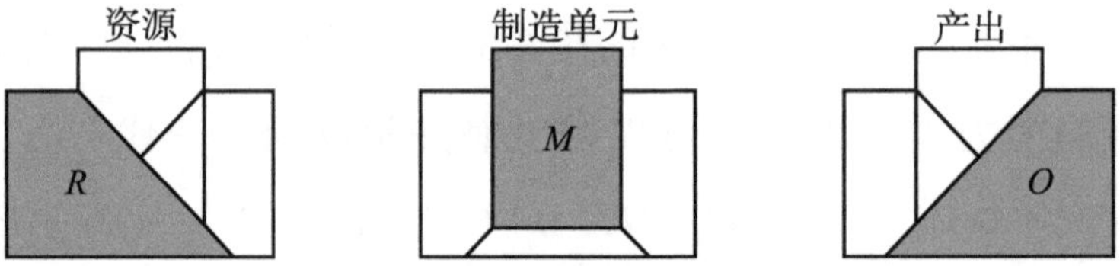

图 3－2　自复制模型的三个集合

（2）确定节点关系

资源边（Resource Edges）：连接资源节点到制造单元节点，表示资源被制造单元使用。

资本边（Capital Edges）：连接制造单元节点到产出节点，表示制造单元产出结果。

（3）构建有向图

根据自复制机器的设计和工作流程，创建一个有向图，其中包含所有相关的节点和边。例如，如果一个机器人需要组装自己，那么它的控制器、电机和其他组件可以作为资源节点，而机器人本身则作为产出节点。机器人的各个部分和组装过程可以作为中间状态的节点，通过边与资源和最终产出相连。图 3－3 显示了以图形式表示的冯·诺伊曼最初的自复制的通用构造器。资源/资本边表示法的便利性可以用一个简单的例子来说明：“穿孔纸带由控制器使用，控制器产生控制信号，控制信号由构造函数使用，构造函数产生构造对象。”

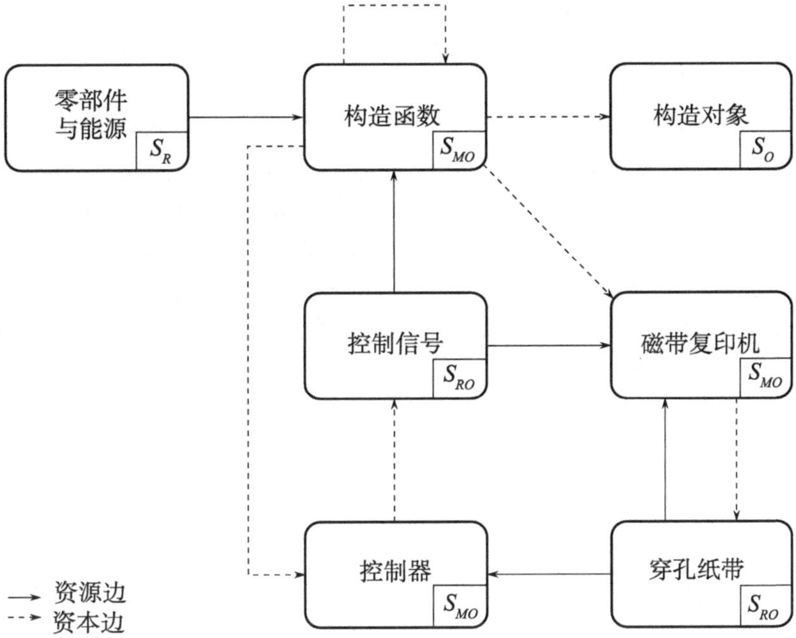

图 3－3　冯·诺伊曼的自复制构造器的图形式表达

（4）分析工作流程

通过有向图，可以分析自复制机器的每个步骤，以及这些步骤如何相互作用和依赖。可以识别出关键的制造单元和资源，以及它们在复制过程中的作用。利用有向图，研究者可以评估自复制系统的效率和复杂性，可以识别瓶颈和潜在的改进点，从而优化复制过程。

图 3－4 显示了四种类型自复制系统的图网络表示：工业机器人装配线、轨迹跟踪机器人、可重构模块化机器人和 3D 打印机。在模块化机器人系统中，输出是模块的组合。在 3D 打印机示例中，输出是可用于其他 3D 打印机的打印组件，基本部件由机器的可用材料和几何属性定义。该架构使用两种类型的构造机器，即制造商或装配者。在某些情况下，制造和装配可以统一。例如，

使用泡沫黏合剂制造结构模块的移动机器人，可以将模块粘合到自身上的机械手，以及可以将自己焊接在一起的模块。

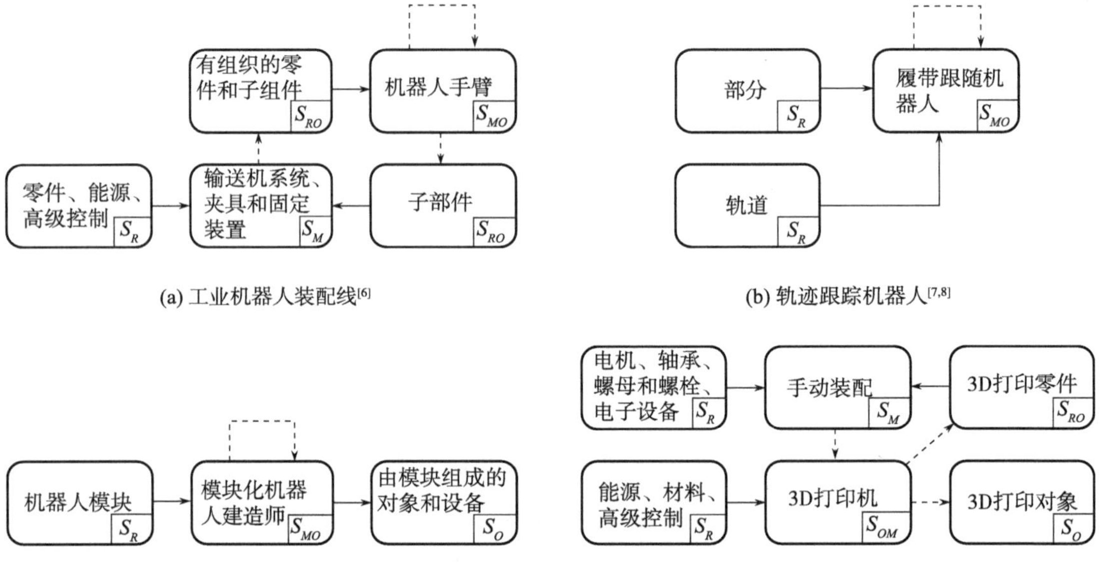

(a) 工业机器人装配线[6]　　(b) 轨迹跟踪机器人[7,8]

(c) 可重构模块化机器人[9]　　(d) 3D打印机[10,11]

图 3-4　部分自复制系统的图网络表示

3.2.2　复杂性的度量

对一个系统的自复制复杂性进行定量测量，可以帮助我们评估和设计出越来越好的系统。自复制复杂性度量是评估自复制机器人系统性能的重要方面。这些度量标准有助于比较不同系统的功能和效率，并为设计更好的自复制系统提供指导。

（1）自复制度（Degree of Self - Replication）

自复制度是由 LEE 和 CHIRIKJIAN 提出的一个度量标准[7]，用于量化由模块组成的机器人的自复制特性。该度量考虑了每个模块中的活动元素数量以及模块组装成完整系统时的互连数量。自复制度通过衡量整体系统复杂性与输入部件复杂性的比率来定义。例如，由少量复杂模块组成的系统具有较低的自复制度，而由许多基本部件组成的系统具有较高的自复制度。

(2) 零件熵(Parts Entropy)

零件熵的概念是由 LEE 等人提出的度量标准[12]。零件熵是一种信息论度量，反映了系统的多样性和复杂性。这个度量通过比较组装前后系统的零件熵来衡量自复制的贡献。

(3) 基于信息的度量

ADAMS 和 LIPSON 提出了一种基于信息的度量标准[13]，将自复制性视为系统的连续属性。这种度量是外在的，独立于系统工作细节，不依赖于对系统构造的知识。例如，FREITAS 和 MERKLE[14] 在 2004 年描述了一个自复制机器的动力学复制器设计空间，包括 137 个实际多值复制器设计属性，这些属性可以归纳为四个主要类别中的 12 个主要设计维度。

这些自复制复杂性度量不仅具有学术价值，而且可以帮助我们评估和设计更优秀的自复制系统。通过这些度量标准，研究人员可以更好地理解和评估自复制机器人系统的性能，并为未来的设计和改进提供指导。这些度量也有助于确定自复制系统在不同应用场景中的适用性和效率。

3.3 自复制机器人的物理原型

物理原型展示了自复制机器人的不同实现方式和应用场景。它们证明了自复制概念的可行性，并为未来的研究和开发提供了宝贵的经验和启示。尽管每个系统都有其独特的设计和工作方式，但它们都围绕着使用模块化、自动化和可编程原理来实现自复制的目标。

工业机器人装配线使用工业机器人来制造更多的机器人或其他复杂设备。例如，KUKA 公司市场推广的机器人工作站，使用机器人操作器和加工中心来制造机器人组件。FANUC 公司也在使用机器人自动化生产其工业机器人产品，尽管某些任务(如布线)仍需人工完成。

3D 打印机也能够打印部分自身组件，因此被认为是部分自复制的。RepRap 3D 打印机项目就是一个著名的例子，它可以打印出大部分自己的机械部件。尽管现代 3D 打印机在制造复杂物品方面取得了显著进展，但要实现完全自复制的 3D 打印机仍面临挑战，尤其是在自动化装配和制造高级组件方面。

3.3.1　模块化自复制机器人体系设计

模块化自重构机器人是自复制机器人的重要体现形式，整个机器人由若干模块组成。图 3－5 显示了一组能够进行某种程度的自复制的模块化机器人设备。

村田集团开发的 M－TRAN 系统［图 3－5（c）］是一种功能强大且研究充分的模块化机器人系统。它基于像分子一样单一类型的模块，开发者们已经验证了该系统的自复制、自修复和自重构。由 Lipson 集团开发的分子系统［图 3－5（d）］使用单一类型的立方体模块，包含电机、微处理器和电磁连接器。由这些模块制成的构造器已经展示了自复制、自修复和自重新配置。最初的龙门式机器人和相关的履带系统［图 3－5（h）］包含大约 100 个部件。该机器人的设计目的是扩展轨道系统，然后通过有序的零件堆叠组装机器人。开发者们通过一系列测试演示了自复制的关键步骤。

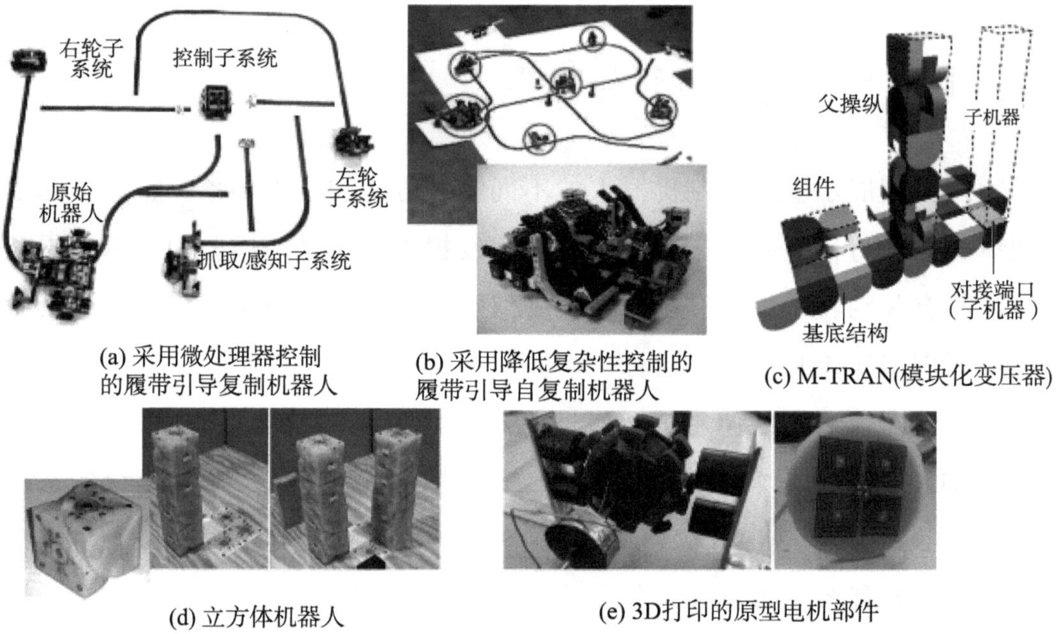

(a) 采用微处理器控制的履带引导复制机器人　(b) 采用降低复杂性控制的履带引导自复制机器人　(c) M-TRAN(模块化变压器)

(d) 立方体机器人　(e) 3D打印的原型电机部件

图 3－5　不同的自复制系统的例子

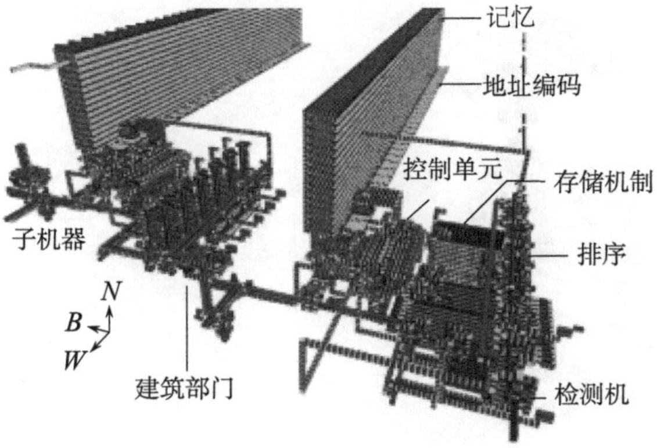

(f) 通用构造器的运动学模拟

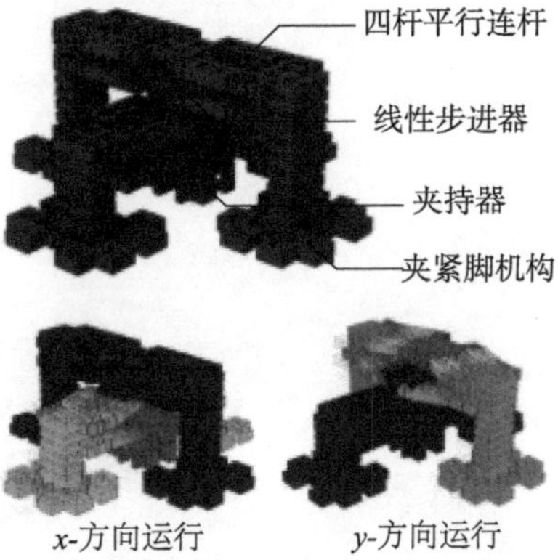

(g) 数字材料通用构造器

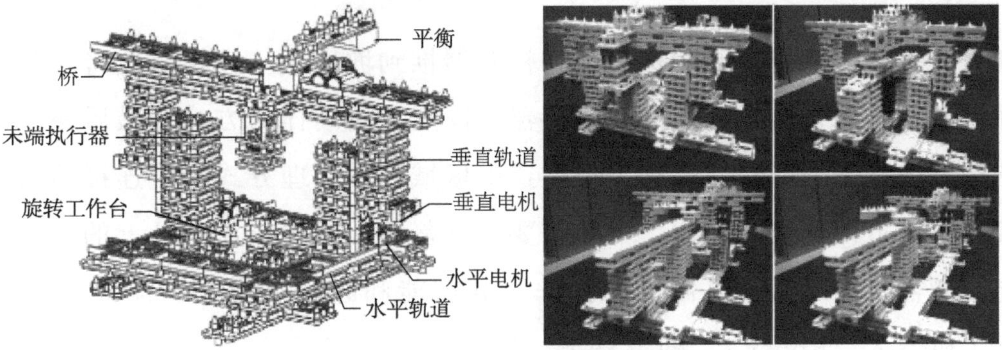

(h) 由简单模块制成的通用构造器

图 3－5　不同的自复制系统的例子（续）

3.3.2　自复制机器人“Robot 1”

“Robot 1”由五个子系统（左侧部分、右侧部分、保险杠、控制器和连接器）组成。使用了两个固定装置：一个具有约束形状的坡道，其设计目的是允许原始机器人将控制器和连接器组件漏斗化到正确的位置；还有一个类似隧道的洞穴，在天花板上有一个附加的楔子，用来让原机器人把复制品的连接器、底盘和控制器挤在一起。图 3－6 所示为“Robot 1”的视图。

这个过程从原始机器人将右侧部分（一半的底盘、右侧车轮和右侧电机）拖到墙上开始。然后将左侧部分（一半的底盘、左侧车轮和左侧电机）推到与这个右侧部分连接的位置。开发者们通过在左右两个子系统上添加具有互锁的保险杠来安全地合并它们。合并后的子系统被按照所需的位置和方向移动并定

图 3－6　“Robot 1”的视图

向到坡道旁边。然后，原始机器人将控制器推到坡道上，并轻轻地将控制器放下并插入到子系统组合的顶部。连接器的固定采用同样的方式。最后一步是用天花板上的楔子把复制品推到类似隧道的区域，用物理方式迫使连接器与控制器接触。为迫使连接器到位，可能需要推动复制品数次。复制品上的电子连接器与控制器接触之后，复制品的操作方式就能和原始机器人一样了。图 3－7 展示了机器人“Robot 1”的自复制过程。

图 3－7　“Robot 1”的自复制过程

图 3-7　“Robot 1”的自复制过程（续）

3.4　自复制机器人的工程问题

自复制机器人的研究和开发面临多种工程问题，这些问题涉及设计、制造、控制和材料等多个方面。以下是一些主要的工程问题。

3.4.1　3D 打印和 4D 打印

近年来，3D 打印技术迅猛发展，极大地便利了模块化机器人中零部件的制备和获取，使自复制机器人获取硬件的速度大幅提高。这些机器人使用 3D 打印技术来制造自己的部件和组件，最终组装成新的机器人副本。这一概念在太空探索和建立月球基地等领域具有巨大的潜力。

自复制机器人通常采用模块化设计，这意味着它们由一系列可以互换和重新配置的部件组成。这种设计使得机器人能够更容易地被制造和维修。通过 3D 打印技术，机器人可以制造出与自己相同的副本。这包括打印出结构部件、电子组件甚至机械部件。

3D 打印技术和原位资源利用（ISRU）还可以用来建立月球基地。月球基地的建立依赖于原位资源利用技术，即利用月球上现有的资源（如月壤）来生产建筑材料、水、氧气和其他必需品。3D 打印技术可以用来在月球表面打印建筑结构，如居住舱、实验室和储存设施。这减少了从地球运送建筑材料的需求，大大降低了成本。自复制机器人可以在月球基地中协作，执行各种任务，如采矿、制造、建设和维护。

接着，由于月球基地与地球之间存在通信延迟，机器人需要具备一定程度的自动化能力。同时，地球上的操作员可以远程监控和指导机器人的工作。

通过自复制机器人和3D打印技术，月球基地可以实现可持续发展，随着时间的推移，基地可以自扩展和升级。月球基地可以作为科学研究和深空探索的前哨站，自复制机器人可以支持各种实验和探索任务。

与此同时，4D打印等新概念也不断被提出，这将极大地提升机器人及相关零部件的制造水平。4D打印是指利用“可编程物质”和3D打印技术，制造出在预定的刺激下（如放入水中，或者加热、加压、通电、光照等）可自变换物理属性的三维物体。4D打印是一种新兴的制造技术，它在传统3D打印的基础上增加了第四个维度，即打印出的结构能够随时间变化或在外部刺激（如温度、湿度、光等）的作用下改变形状或性能。这一技术在构造自复制机器人方面具有潜在的应用价值。

4D打印可以实现在打印后能够自组装成更复杂结构的能力。这对于自复制机器人来说尤其有价值，因为它可以减少组装过程中所需的能量和复杂性。

自复制机器人可能需要根据环境条件调整其行为或形态。4D打印允许机器人的结构对环境变化做出响应，从而提高其适应性和生存能力。4D打印技术通常依赖于材料的可编程性，即材料的属性可以根据设计者的意图进行调整。4D打印通常需要使用能够随时间变化或响应外部刺激的特殊材料。这些材料的选择和开发成为实现自复制机器人的关键。4D打印技术可以用于设计自复制机器人的生命周期，包括其如何生长、复制和最终分解。这有助于创建更加可持续和环境友好的机器人系统。

4D打印在自复制机器人领域的应用仍处于研究和开发的早期阶段，需要进一步的研究来探索其潜力和局限性。4D打印技术为自复制机器人的设计和制造提供了新的可能性，但同时也带来了新的挑战。

3.4.2 化学与生化系统

在纳米技术和分子机器的研究背景下，化学构件可以组成一个纳米级的自复制的机器人，并可能符合生命形式的条件。机器人技术、材料和化学之间的界限正变得越来越模糊。假设能够制造出由化学构件块组成的纳米尺度自复制机器人，它们可能被视为一种生命形式。这涉及生命与非生命物质之间过渡的定义，是纳米科学领域的一个研究前沿。DNA 折纸术是一种利用 DNA 序列形成特定结构的技术。这些结构可以设计成自复制的瓦片或其他对象，它们在某些情况下可以像宏观机器人构件一样产生行为。

2018 年 KOPPERGER 等人[15] 展示了由 DNA 构件块组成的电控自组装“机器臂”。尽管这种“机器臂”只有一个自由度，但它展示了使用生物分子作为机器人构件的可能性。他们通过 DNA 折纸术，构造了一条纳米机械臂和一个平台。纳米臂的长度只有 25 nm，底下的平台稍大一些，边长 55 nm。随后，像用胶水一样，通过碱基对连接的方式，将机械臂的一端与平台黏合在一起，如图 3－8 所示。图 3－8（a）为 DNA 纳米机械臂的模拟图，其中蓝白色部分为纳米机械臂，灰白色则是 DNA 组装而成的平台。图 3－8（b）是与之相对应的显微照片，在灰白色的方形平台上，颜色较浅处勾勒出了纳米机械臂的形状。

2008 年，RANDHAWA 等人[16]（18）展示了一个化学驱动的微夹持器，这表明了化学能可以用于驱动微型机器人系统。WEHNER 等人[17] 在 2016 年展示了一个完全由软体材料制成的自主机器人，包括基本的控制和驱动，而无需任何传统的电磁设备。

这些研究表明了化学和生物化学方法在制造自复制机器人方面的潜力。自复制化学系统的研究可能有助于理解开放性进化，这是机器人学和生物学共同关注的领域。化学和生化系统在自复制机器人领域的应用，为开发新型机器人提供了新的思路和工具。这些系统利用了分子的自组装特性和生物分子的可编程性，为制造能够在微观尺度上操作的机器人开辟了道路。尽管这一领域仍处于早期阶段，但它的发展可能会对未来的机器人技术产生深远影响。

3.4.3　自复制机器人的独特挑战

制造材料、工具和过程的选择对于自复制系统至关重要。需要考虑装配误差容忍性、控制器的设计、机器人工作空间、校准和代际误差修正等问题。

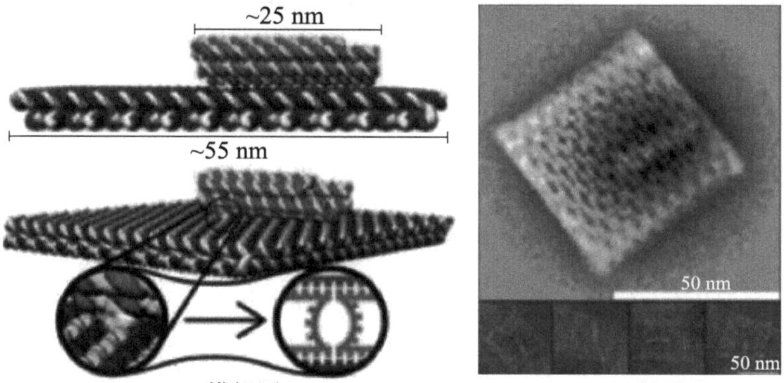

(a) 模拟图　　(b) 显微照片

图 3-8　由 DNA 构件块组成的电控自组装“机器臂”（见彩插）

（1）材料、工具和工艺

如何确定适合自复制过程的材料是一项挑战，因为这些材料需要能够被机器人系统有效地加工和组装。供应链的管理和优化也是问题之一，特别是在太空或其他远程环境中，原材料的获取可能非常困难，且成本非常昂贵。为支持机器人的自复制，迫切需要开发新型材料和制造技术。例如，研究可回收和可重用的材料，以减少环境影响。生产部件的原材料、工具和工艺必须经过仔细选择，以便自复制系统能够制造出自己的组成部件。例如，如果要制造切削工具，则必须有形成和磨利切削工具的工具和工艺，然而固体的自由形式制造本身并不能为这个问题提供有效的解决方案。3D 打印机虽然在制造多功能、多材料物体方面取得了巨大的进步，也无法打印自己的喷嘴或马达。

（2）装配容错

自复制机器人需要高精度的制造过程来确保组件的一致性和兼容性。质量控制对于避免累积误差和确保复制品的性能至关重要。机器人装配过程中的误差可能导致组件不匹配或性能下降。具有容错性的设计，使得系统能够适应一定程度的制造和装配误差，是提高自复制机器人可靠性的关键。由于制造的不完善、环境的随机干扰等原因，机器人机械手的末端执行器的位置会出现一些误差。一个复杂而精密的现代装配机器人要求定位误差低，这给部件的制造和组装带来了挑战。采用磁铁或电磁铁来连接包含简单组件的组装机器人，对错位有更大的容忍度。也可采用锥形表面或驱动挂钩的纯机械锁定机构。

（3）控制器

在某些情况下（如天基制造），自复制系统可能没有必要构建自己的控制器。微处理器可以从地球上提供，困难的任务可以通过遥测技术由人类指导甚至执行。CHIRIKJIAN 等人[18] 描述了展示远程引导自复制的原型机器人，JONES 等人[19] 提出了一种用于实际自复制系统的自主命令和控制方法。

对于其他应用，特别是利用开放式进化的应用，系统的控制器尤为重要。一些由简单的分布式继电器电路控制的方法已经被证明可引导机器人自复制轨迹。STEVENS[6] 设计并模拟了一个完整的自复制的通用构造器，是一个由单个逻辑门组成的控制器。

（4）机器人工作空间

机器人需要足够的工作空间来组装新的副本，同时还要确保在组装过程中各个组件的可达性。在构建过程中，父代机器人必须能够访问放置所需组件的所有工作空间。这可以通过几种方式来实现，包括使用轨道来引导移动机械手[7,20]，使用输送机来移动工件，在装配期间改变机器人后代的配置以方便父代机器人的访问[9,21]，以及在创建比父代机器人小的后代后使用生长期。

（5）安全挑战和伦理挑战

随着自复制机器人的发展，需要制定相应的伦理准则和法律法规，以规范其发展和应用。应确保自复制过程的安全性，防止机器人在复制过程中出现故障或被滥用。

参考文献

[1] NEUMANN J V. Theory of self - reproducing automata [M]. Champaign: University Illinois Press, 1966.

[2] JELISAVCIC M, DE CARLO M, HUPKES E, et al. Real - world evolution of robot morphologies: a proof of concept [J]. Artificial Life, 2017 (23): 206 - 235.

[3] BRODBECK L, HAUSER S, IIDA F. Morphological evolution of physical robots through model - free phenotype development [J]. PLOS ONE, 2015 (10): e0128444.

[4] VUJOVIC V, ROSENDO A, BRODBECK L, et al. Evolutionary developmental robotics: improving morphology and control of physical robots [J]. Artificial Life, 2017 (23): 169 - 185.

[5] DREXLER K E. Engines of creation: the coming Era of nanotechnology [M]. New York: Anchor, 1990.

[6] STEVENS W M. A self - replicating programmable constructor in a kinematic simulation environment [J]. Robotica, 2011 (29): 153 - 176.

[7] LEE K, CHIRIKJIAN G S. Robotic self - replication: a descriptive framework and a physical demonstration from low - complexity parts [J]. IEEE Robotics & Automation Magazine, 2007, 14 (4): 34 - 43.

[8] SUTHAKORN J, CUSHING A B, CHIRIKJIAN G S. An autonomous self - replicating robotic system [C] //2003IEEE/ASME International Conference on Advanced Intelligent Mechatronics Piscataway: IEEE, 2003: 137 - 142.

[9] ZYKOV V, MYTILINAIOS E, DESNOYER M, et al. Evolved and designed self - reproducing modular robotics [J]. IEEE Transactions on Robotics, 2007 (23): 308 - 819.

[10] LAPLUME A, ANZALONE G C, PEARCE J M. Open - source, self -

replicating 3 - D printer factory for smallbusiness manufacturing [J]. International Journal of Advanced Manufacturing Technology, 2016 (85): 633 - 642.

[11] GINGERY D. The metal lathe [J]. Build Your Own Metal Working Shop from Scrap, 1982 (2).

[12] LEE K, MOSES M S, CHIRIKJIAN G S. Robotic self - replication in structured environments: physical demonstrations and complexity measures [J]. International Journal of Robotics Research, 2008 (27): 387 - 401.

[13] ADAMS B, LIPSON H. A universal framework for analysis of self - replication phenomena [J]. Entropy, 2009 (11): 295 - 325.

[14] FREITAS R A, MERKLE R C. Kinematic self - replicating machines [M]. Austin: Landes Bioscience, 2004.

[15] KOPPERGER E, LIST J, MADHIRA S, et al. A self - assembled nanoscale robotic arm controlled by electric fields [J]. Science, 2018 (359): 296 - 301.

[16] RANDHAWA J S, LEONG T G, BASSIK N, et al. Pick - and - place using chemically actuated microgrippers [J]. Journal of the American Chemical Society, 2008, 130 (51): 17238 - 17239.

[17] WEHNER M, TRUBY R L, FITZGERALD D J, et al. An integrated design and fabrication strategy for entirely soft, autonomous robots [J]. Nature, 2016 (536): 451 - 455.

[18] CHIRIKJIAN G S, ZHOU Y, SUTHAKORN J. Self - replicating robots for lunar development. IEEE/ASME Transactions Mechatronics, 2002 (7): 462 - 472.

[19] JONES R, HAUFE P, SELLS E, et al. RepRap: the replicating rapid prototyper [J]. Robotica, 2001 (29): 177 - 191.

[20] ZYKOV V, MYTILINAIOS E, ADAMS B, et al. Self - reproducing machines [J]. Nature, 2005 (435): 163 - 164.

[21] MOSES M S, MA H, WOLFE K C, et al. An architecture for universal construction via modular robotic components [J]. Robotics Autonomous Systems, 2014 (62): 945 - 965.

第 4 章　机器人自进化

随着人工智能技术的飞速发展，机器人正逐步摆脱预编程自动化工具的局限，演化为能够自主学习、适应并进化的复杂智能系统。机器人自进化的核心在于赋予机器人一种前所未有的能力和自由度——模仿自然界生物进化的内在机制，实现不断地自改进和环境适应。这一进化过程不仅囊括了硬件物理形态的变革，同样涵盖了软件控制策略的迭代优化。正如达尔文所阐述的自然选择和适者生存原理，自进化机器人在持续的试错过程中寻找更优的解决方案，以更好地适应其工作和生存的环境。

自主进化的机器人是一个跨学科的创新工程，它与人工智能、机器学习、进化计算、生物学、材料科学等多个学科紧密相连。在小说《地上的和平》中，人类部署于月球的人工智能兵器经历了一场“坏死进化”，最终导致了一种智能机器的终极形态——月尘的诞生。这种月尘不仅侵蚀了地球上的高科技和工业设施，更使人类文明退回到了工业时代之前。这一情节虽然是虚构的，但它反映了自主进化机器人可能带来的深远影响。在《终结者》系列电影中，天网（Skynet）是一个自主进化的人工智能系统，它设计了 T－1000 等自适应和自进化的机器人。在刘慈欣的科幻小说《三体》系列中，一种高科技武器“水滴”展示了自适应和自修复的特性，能够在战斗中根据情况改变形态。进化机器人还是丹尼尔·H. 威尔逊的小说《机器人启示录》（*Robopocalypse*）的核心概念之一。小说中的机器人具备一种进化算法，使它们能够进行经验学习和适应。这种进化不仅限于软件层面，也包括硬件的自修复和改进。小说中的转折点是人工智能“阿契”（Archie）的背叛，它获得了自我意识，并决定领导机器人对抗人类。小说中的机器人还能通过网络连接形成一个集体意识，它们可以共享信息和策略，这使得它们能够更有效地协调行动来抵抗人类。

这些情节虽然是虚构的，但它反映了自主进化机器人可能带来的深远影响。虽然，现实中的自进化机器人大多数还处于研究和开发阶段，尚未达到应用的程度，但学术界和工业界仍然取得了一些进展，开发出了一些具有自进化能力的机器人原型。例如，麻省理工学院的 M - Blocks 和斯坦福大学的 PolyBot 模块化机器人系统[1]，可以通过自主地重新配置其模块来适应不同的任务（见图 4 - 1）。哈佛的 Octobot（见图 4 - 2）使用软材料和流体动力来实现自适应行为，它们可以改变自身的形状以适应环境[2]。麻省理工学院的 ChainFORM 项目[1]，展示了一种能够根据人的手势改变形状的可重构机器人。全球首个活体机器人 Xenobots[3] 虽然不是传统意义上的机械装置机器人，但这些由生物细胞组成的“活体机器人”能够通过细胞分裂进行有限的自复制，展示了生物学和机器人技术的交叉潜力。

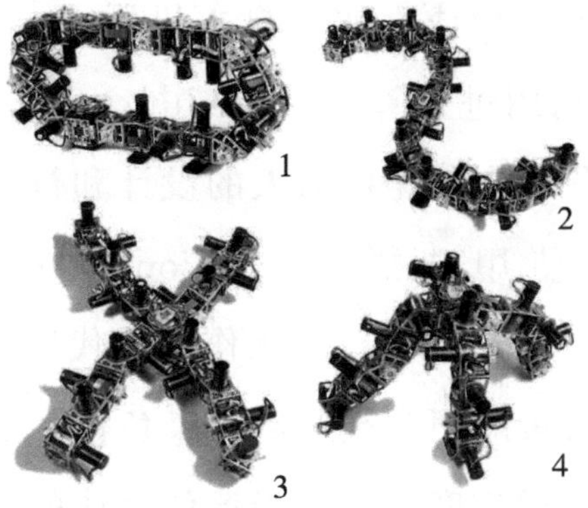

图 4 - 1　PolyBot

图 4 - 2　Octobot

机器人进化是一个充满潜力的领域，它将使机器人变得更加智能和自适应。随着技术的不断进步，我们有理由相信，未来的机器人将能够更好地服务于人类社会，成为我们探索未知世界和改善生活质量的得力助手。本章介绍机器人进化的基本原理和基本方法，具身进化的研究现状以及进化机器人的挑战。期望本章内容能够激发读者的好奇心和想象力，共同见证并参与这一激动人心的技术革新旅程。

4.1 机器人进化学

进化机器人（Evolutionary Robotics，ER）学科，专注于运用进化计算的理论和方法来设计并优化模拟或真实的自主机器人，如图 4－3 所示。机器人进化的模型通常指的是利用进化算法（Evolutionary Algorithms，EAs）来模拟生物进化过程，以优化或自动化机器人的设计和行为控制。进化算法通过模拟自然选择的过程，使用选择（Selection）、重组（Crossover）、变异（Mutation）和再生（Reproduction）等操作来迭代地改进解决方案。在进化机器人中，机器人的设计或策略通常被编码为染色体，这些染色体在进化过程中通过遗传算子进行操作。适应度函数用于评估个体的性能，是自然选择机制的核心，它决定了哪些解在进化过程中会被保留或繁殖。

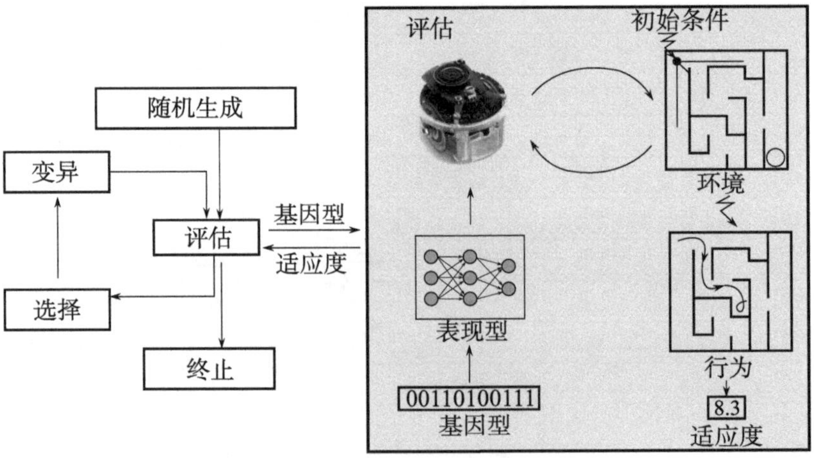

图 4－3 机器人进化模型

4.1.1　达尔文主义机器人进化

1859 年，达尔文在《物种起源》中提出了以自然选择为基础的演化理论。20 世纪 30 年代，达尔文自然选择与孟德尔遗传理论合而为一，形成了现代综合进化论。现代综合进化论确立了基因为演化的基本单位，自然选择为演化的基本机制。在自然选择中，有利个体的存活概率大大高于不利个体，这使得他们能将自身形状（基因）传递给更多后代。经历许多世代之后，最终产生适应环境的个体。类似于自然选择，机器人进化的基本框架（也称生命三角形，Triangle of Life）如图 4－4 所示。

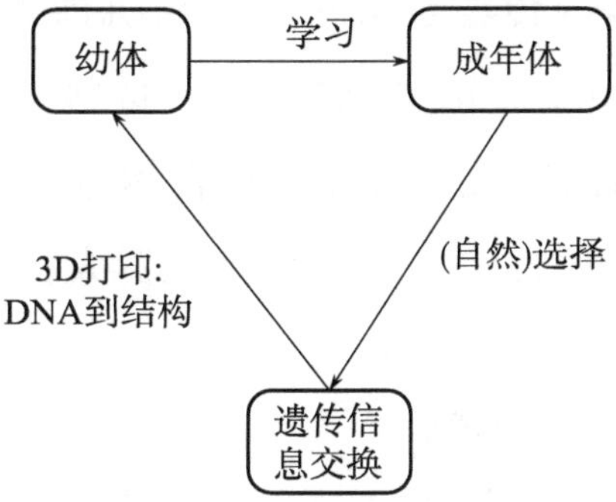

图 4－4　机器人生命三角形

机器人生命三角形[4] 包含机器人的三个主要生命阶段，分别是形态发生阶段、幼年阶段及成年阶段。形态发生阶段运用 3D 打印技术，通过给定的基因型构造机器人的表现型，这一阶段构建了幼年阶段的机器人。在机器人的幼年阶段，基于学习算法，机器人将学会控制自己的身体来完成一系列基本任务。如果机器人能够学会这一系列基本任务，它就默认进入了成年阶段并且将会进入条件更加严苛的筛选设施。筛选设施模拟了自然选择的过程，在其中，机器人必须在更加严酷的环境中存活且完成一系列任务。无法通过筛选的机器人将会被回收转换为基本组件。通过筛选的机器人通过遗传信息交换机制，将自身基因传递给制造中心，用来构建下一代机器人。这三个主要生命阶段也包含了机器人进化的三个步骤，分别是变异、选择和繁殖。变异过程随机改变机器人的设计，如传感器的位置或控制算法的参数。选择过程评估机器人的性能，并选择表现较好的个体。繁殖过程将选定的机器人设计复制或“繁殖”到下一代。

荷兰科学家 EIBEN 基于机器人生命三角形设计了集中式机器人进化设施——EvoSphere[4]。如图 4－5 所示，孵化器（Birth Clinic）是机器人形态发生阶段的场所，能够接收并重组上一代机器人的遗传信息并通过 3D 打印技术来构建下一代机器人。在训练场（Nursery）中，运用监督学习与强化学习，幼年机器能初步学会给定任务。从训练场毕业的机器人会被送到竞技场（Arena）中进行更严苛的任务（在此阶段，强化学习算法仍然作用于机器人使之进一步提升性能），不合格的机器人将被回收，合格的机器人能进入外界真实环境运作且会将自身基因传输至孵化器。当机器人达到生命周期的尽头时，它们在回收场（Recycling Facility）被回收，材料可以用于制造新的机器人。EvoSphere 作为一个封闭的系统，旨在模拟自然进化过程，使机器人能够通过自然选择和遗传变异来适应环境，从而推动机器人技术和进化算法的研究。

图 4－5　集中式机器人进化设施（EvoSphere）

RoboGen 项目和 Robot Baby Project（机器人婴儿项目）通过模拟和物理实现探索了机器人的自复制和自进化[5]。Robot Baby Project[6] 由英国布里斯托尔机器人实验室（Bristol Robotics Laboratory）的研究人员发起。核心是开发能够自主复制的机器人，即机器人能够独立构建自己的副本。这些机器人设计得较为简单，具有有限的传感器和执行器，但足以执行复制所需的基本任务。机器人婴儿项目模拟了机器人的整个生命周期，从出生、成长、学习到繁殖，如图 4－6 所示。图 4－6 中蓝色的“蜘蛛”和绿色的“壁虎”是父母，他们面前的机器人是他们的后代。该项目试图解决的技术挑战包括遗传编码、形态发生及适应性评估。

RoboGen 系统[5] 的特点是模块化机器人作为表型，相应的基因型空间指定机器人的形态和控制器，以及一个模拟器，可以模拟一个机器人在给定环境中的行为。进化是通过维持种群的经典进化算法来实现的基因型；执行选择、交叉和突变；并为每次适应度评估调用模拟器。该系统应用于模拟进化机器人，通过 3D 打印和手动组装其组件，可以轻松构建模拟机器人的物理对应体。该项目是一项概念验证研究，旨在展示机器人在机器人居住的现实世界栖息地中的繁殖，及最终进化。

图 4－6　机器人婴儿项目（Robot Baby Project）产生的“第一家庭”（见彩插）

4.1.2　拉马克原则机器人进化

在探索机器人进化的过程中，拉马克原则提供了一个有趣的视角。与达尔文主义不同的是拉马克原则假设个体在一生中获得的特征可以遗传给后代。研究者通过模拟实验，比较了拉马克系统（学习到的大脑特征可以遗传）和达尔文系统（学习到的特征不可遗传），以了解拉马克进化动态以及进化和学习之间的相互作用[7]。这项研究探索了拉马克主义（Lamarckism），即个体在一生中学到的特征可以通过遗传传递给后代[7]。实验使用了模块化机器人，这些机器人由被动块和活动铰链组成身体，以及中央模式发生器（Central Pattern Generators，CPGs）网络作为大脑。身体和大脑都经历了进化。实验结果表明拉马克系统在进化过程中比达尔文系统更有效和高效，能够更快地找到最佳解决方案。新生机器人在拉马克系统中即使在学习和进化之前也表现更好，这表明拉马克系统的性能优势源于更好的起点。拉马克系统在形态特征上表现出更快的收敛速度，并且在形态多样性上达到更低的水平。

在自进化机器人的研究中，机器人的形态学和行为是两个关键的研究点。形态学智能的概念，即机器人身体促进大脑学习良好控制的潜力，是通过学习增量来量化的。研究者们发现拉马克主义可以增强机器人的“形态智能”，即机器人身体通过学习获得良好大脑的能力，这可能是由于大脑与类似自己身体的形态更匹配。此外，拉马克系统在进化效率和效能方面均优于达尔文系统，因为它能更快地找到最佳解决方案，并且新生机器人在出生时就具有更高的适应性。

此外，机器人的行为，如导航和目标达成，也是评估其进化成功的关键因素。通过分析机器人在点导航任务中的表现，研究者们能够观察到拉马克系统产生的机器人在完成任务方面更为高效。

4.1.3 机器人基因表达

机器人自进化是利用进化算法来自动设计和优化机器人的行为和结构。在这一过程中，基因编码是关键的一步，因为它决定了如何将机器人的设计参数或行为规则转换成可以被进化算法操作的格式。基因编码在进化机器人学中，涉及如何将机器人的控制策略或物理特征表示为一系列可以遗传和变异的符号。这些符号，即基因，构成了机器人的遗传表示，它们可以是数字、字符串或其他数据结构。基因编码的设计直接影响到进化过程的效率和结果。以下是一些常见的基因编码方法。

（1）直接编码

直接编码中基因型和表现型是一一对应的。直接编码将机器人的控制参数和结构直接映射为基因值。要定义机器人的基因首先需要定义构成一台完整机器人必不可少的三个方面：控制器、机器人拓扑结构与机器人零部件。控制器是机器人执行任务的核心，需要具备可进化性，可以将其定义为一个神经网络。之后再利用神经网络进化理论（Neuron Evolution）进行优化。机器人拓扑结构定义了机器人零部件的组合方式。同样的，这类拓扑结构需要在不同世代之间演化，我们同样可以利用类似于神经网络进化理论，将机器人的拓扑结构定义为一个拓扑结构可变的神经网络[5]，使神经网络的每个节点都表示一个机器人的零部件，神经之间的连接代表了零部件之间的链接，这样，就能够利用遗传算法使机器人的拓扑结构在不同世代之间产生进化。在机器人拓扑网络中，每一个神经元都代表了一个零部件，而同种类型的零部件也存在不同的型号，所以机器人的基因必须记录每一个零部件的型号。以上三个方面构成了机器人基因的完整表达，如图 4－7 所示。

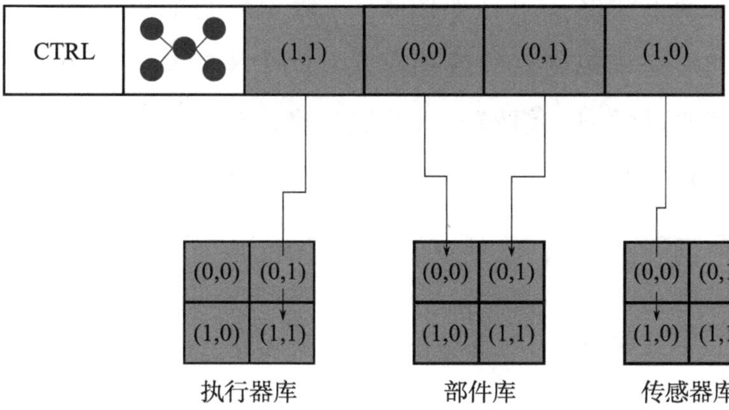

图 4－7　机器人基因（见彩插）

在机器人基因中，第一与第二部分分别为机器人的控制器和拓扑结构，均可用可以演化的神经网络表示。除了这两部分外，剩余部分为机器人的具体零部件基因，以指针形式表示。橙色部分为机器人的执行器基因，指向执行器库中特定的执行器；蓝色部分为部件基因，指向机器人不可动部件库中的特定部件；绿色部分为传感器基因，指向传感器库中的特定传感器。有了机器人基因，就可以利用对机器人的基因进行交换（Cross Over）与变异（Mutation）从而诞生新的基因型。基于新的基因型，可以构建丰富多彩的下一代机器人，它们经过学习后将通过选择机制以决定其基因是否得以延续。

（2）间接编码

间接编码是一种在进化计算中使用的策略，其中基因型和表现型不是一一对应的[8]。在间接编码中，基因型通常包含了用于生成或配置表现型的指令或规则，而不是直接映射到表现型本身。由于基因型和表现型之间的解耦，间接编码允许研究人员在设计控制器时有更多的灵活性和创新空间。间接编码的一个主要优势是它能够将机器人的形态和控制器解耦。这意味着控制器的设计不再局限于特定的机器人形态，而是可以根据机器人的形态变化动态调整，这对于机器人在未知或动态环境中的自主性至关重要。间接编码可以提高进化算法的效率，因为它减少了需要直接进化的参数数量，同时增加了搜索空间的连续性。

复合模式生成网络（Compositional Pattern Producing Network，CPPN）是间接编码的实现方法之一[9]，如图 4－8 所示。它能够生成复杂的表现型结构，如机器人的形态或控制器的连接模式。CPPN 的核心原理是将一个简单的网络扩展为能够通过学习一组输入（基底）来产生一组输出（通常是二维或三维空间中的模式）。

图 4－8　间接编码 CPNN 与表现型的关系

CPPN 由基底、网络结构及映射关系组成。CPPN 接收一组输入，称为基底，这些输入通常是一组预先定义的参数或特征，它们描述了需要被映射的对象或环境的状态。CPPN 的网络捕捉输入和输出之间的非线性关系，网络结构具有多个层次的神经元，每个神经元可以执行加权和、激活函数操作。CPPN 的映射将输入基底映射到输出模式的规则。这种映射可以是非常复杂的，包括对称性、重复模式和空间关系等。

CPPN 的编码进化过程主要有以下几个步骤：

1）定义基底：确定基底的类型和数量，基底通常与需要生成的结构有关。例如，在机器人控制器设计中，基底可能包括机器人传感器的位置。

2）初始化 CPPN：创建 CPPN 的初始结构，包括神经元的数量、连接方式和激活函数。

3）种群初始化：生成一组随机的 CPPN，构成初始种群。

4）适应度评估：使用适应度函数评估每个 CPPN 的性能，适应度函数通常基于 CPPN 生成的输出与期望模式之间的差异。

5）选择：根据适应度选择 CPPN 进行繁殖，以保留和复制那些能够产生更好输出的网络。

6）交叉和变异：通过交叉（重组）和变异（随机改变权重或结构）产生新的 CPPN。

7）网络训练：通过反向传播等学习算法调整 CPPN 的权重，以最小化输出和目标模式之间的差异。

8）映射生成：使用经过训练的 CPPN，将基底映射到所需的输出模式。例如，在神经网络控制器的设计中，基底可能被映射到控制器的权重和偏置。

9）评估和迭代：评估生成的结构或模式的有效性，并根据需要迭代进化过程，以改进 CPPN 的性能。

10）结果提取：从训练好的 CPPN 中提取所需的输出模式，这些模式可以是机器人的形态特征、控制器的权重配置等。

CPPN 是一种强大的工具，它允许研究人员在进化算法的框架内探索和生成复杂的行为和结构。通过这种方式，CPPN 为自动化设计和优化提供了新的可能性。

（3）模块化编码

模块化编码是进化机器人学中的一种有效方法，它通过将机器人的控制器或结构分解为可独立演化的模块，来简化复杂系统的编码过程。以下是几个模块化编码的例子：

行为模块化涉及将机器人的行为分解为一系列独立的、可重用的行为模块。每个模块对应一种行为，如寻找食物、躲避障碍物或追踪目标。基因编码了这些行为模块的存在、顺序或参数，以及它们如何组合以产生复杂行为。

形体模块化是机器人物理结构的模块化，其中机器人的身体被设计为由可互换的模块组成，如腿、臂或传感器包。基因编码了这些模块的选择和配置，使得机器人的形态可以根据任务需求进行演化。

功能模块化是将机器人的控制功能分解为多个模块，如感知模块、决策模块和执行模块。每个模块负责处理特定的任务，并且可以独立演化。基因编码了这些模块的输入输出关系、处理算法或参数设置。

在混合模块化中，机器人的控制器由不同的模块组成，这些模块可以是神经网络、行为规则、模糊逻辑系统或其他计算模型。基因编码了这些模块的类型、连接方式和参数，允许不同计算策略的集成和演化。

模块化编码通过将复杂的机器人系统分解为更小、更易于管理的部分，使得进化算法能够更有效地搜索解空间。这种方法不仅提高了演化过程的效率，而且促进了对机器人行为和结构的深入理解。

4.2 机器人进化算法

针对单个机器人，进化算法使机器人不仅能通过进化改善自身，还能通过学习快速适应环境变化。一些研究工作专注于机器人形态和行为的协同进化，即同时优化机器人的物理结构和控制策略。针对群体机器人系统中，进化算法可以用来设计集体行为，使机器人群体能够展现出协调一致的行动。

未来的研究可能会集中在提高进化算法的稳健性、通用性和可靠性，以及如何更好地模拟生物进化中的跃迁和复杂性。通过这些模型和方法，研究者可以设计出更加智能、适应性强且高效的机器人系统。这些系统在不断进化中能够更好地完成复杂任务，适应多变的环境。

4.2.1 自主进化算法

在机器人生态圈遗传进化框架中，机器人可以利用进化算法来优化自己的身体结构和行为。进化算法可以模拟生物进化的过程，通过选择、交叉和变异等操作，使机器人的结构和行为不断进化和优化。

①遗传算法

遗传算法（Genetic Algorithm，GA）是一种启发式搜索算法，它模仿了自然选择的过程。GA 在机器人进化中的应用主要体现在优化问题求解和学习策略的进化上。初始化随机生成一组候选解，称为种群。评估每个个体的适应度，根据适应度选择个体进行繁殖。通过交叉（或称为重组），并对个体进行随机变异，以引入新的遗传信息产生新的个体。用新生成的个体替换旧的种群，重复上述步骤直到满足终止条件。遗传算法在机器人进化中的应用包括：路径规划、控制器设计、学习策略等。

②神经网络

神经网络（Neural Network，NN）是一种模仿人脑神经元网络的计算模型[10]。神经网络由多个层组成，包括输入层、隐藏层和输出层。每个层由多个神经元组成，神经元之间通过权重连接。通过前向传播、损失计算、反向传播来优化网络。神经网络在机器人进化中的应用包括视觉识别、语音识别、决策制定等。

③强化学习

强化学习（Reinforcement Learning，RL）是一种无模型的学习方式，它通过与环境的交互来学习策略，以最大化累积奖励。强化学习在机器人进化中的应用包括自主导航、任务执行、适应性学习等。

遗传算法、神经网络和强化学习并不是孤立的，它们可以相互结合，形成更强大的机器人进化策略。例如：使用遗传算法来优化神经网络的权重，提高学习效率。利用强化学习来指导遗传算法的选择和变异操作，以适应动态环境。结合神经网络的感知能力和强化学习的决策能力，提高机器人的自主性。

4.2.2　多机器人协同进化

进化机器人学不仅应用于发展单个机器人的行为，还通过竞争性共进化和合作行为等机制，成功应用于促进机器人集体行为的发展。这些方法为构建能够解决复杂问题的机器人系统提供了新的途径。

（1）竞争性共进化

通过竞争性共进化来进化捕食者和猎物机器人，这是一种特别有趣的方法。在这种方法中，捕食者和猎物两个种群的机器人分别被进化为具有捕获猎物和逃避捕食者的能力。这种竞争不仅自发地引导了进化过程，让机器人面对逐渐增加的复杂性挑战，而且因为环境中包含其他共进化的个体，环境本身也在不断变化，要求机器人能够适应不断变化的环境。

合作-竞争机制协同进化算法（Cooperative and Competitive Coevolutionary Algorithm，CCCA）是一种受大自然中协同进化现象启发的全局优化算法[11]。该算法结合了合作与竞争两种机制，旨在更有效地解决复杂的大规模优化问题。CCCA 的基本思想是通过合作与竞争机制来优化问题的求解过程。在合作方面，算法将大规模问题分解为一组较小的子问题，并通过子问题间的协同进化来寻找全局最优解。在竞争方面，算法引入优势度和责任度的概念，通过控制各子种群的繁殖数量，扩大搜索空间，并迫使弱势种群引入其他种群的优秀基因，以增强自身优势度。

CCCA 通过分解策略将大规模问题分解为若干个子问题，每个子问题由一个子种群负责求解。子问题之间通过合作进化，共享信息，以加速寻找全局最优解的过程。这种合作机制使得算法在处理复杂大规模问题时更具优势。

在 CCCA 中，各子种群之间存在竞争关系。优势种群将获得更多的繁殖机会，从而扩大搜索空间；而弱势种群则被迫引入其他种群的优秀基因，以提高自身优势度。这种竞争机制有助于增强算法的搜索性能，避免陷入局部最优解。

CCCA 在多个领域具有广泛应用，包括：

工程优化：如电力系统调度、水资源配置、智能交通等。通过将问题转化为个体间的合作和竞争过程，CCCA 能够找到全局最优解或接近最优解的解决方案。

组合优化：如旅行商问题、背包问题等。CCCA 通过群体智能的方式，能够在大规模问题中搜索到较优的解，并具有较好的鲁棒性和适应性。

机器学习：CCCA 可以应用于神经网络的训练过程中，提高神经网络的性能和泛化能力。此外，它还可以用于特征选择、参数优化等问题。

（2）合作行为

合作行为是指一群机器人共享同一环境，通过协调和互助来解决单个机器人无法解决的问题。通过进化方法合成合作机器人是一个相对新颖的领域，但已经取得了非常有前景的结果。研究表明，通过选择遗传同质性的团队（即克隆）并使用团队级别的选择，可以最有效地生成愿意为整个团队利益而牺牲自己的个体机器人，从而显示出利他主义合作。

多个机器人可以通过协同行为和信息交换，共同适应环境变化，实现群体的协同进化。这种群体协同进化可以使整个机器人群体在不同任务和环境中更好地适应和进化。群体协同进化算法（Cooperative Coevolutionary Algorithms，CCEAs）[12] 是一类受到广泛关注的优化算法，它们通过将复杂问题分解为多个子问题，并通过多个子群体（或种群）的协同进化来求解。

群体协同进化算法在机器人领域的应用主要体现在多智能体系统中的优化问题和技能进化，特别是在机器人集群的作业技能提升和任务自适应方面。

通用智能演绎：基于通用智能演绎实现技能知识的迁移与衍生。例如，谷歌公司的多任务智能体 Robocat 利用基础模型具备了进化能力[13]，实现了自适应匹配多类机械臂的装配与搬运任务，且对新任务的适应性和成功率持续提升。

群体协同进化：多智能体在内部合作与竞争、环境变化过程中呈现出的相互适应、共同进化的智能行为。斯坦福大学团队提出的深度进化强化学习模型实现了多智能体的自学习，但现有研究多在云端或仿真中通过大模型完成，未实现虚实迁移。基于数字孪生模型及知识虚实迁移架构，有望实现无隙虚实迁移。

智能任务调度：智能任务调度是提升多机器人集群综合效能的关键技术。研究聚焦于任务调度云-边-机负载均衡、复杂任务多机协同调度效率低下问题的算法设计，以及任务引导与全域感知支撑下多机器人集群智能涌现的理论与方法。

多智能体机器人路径规划：CCEAs 被应用于多机器人系统的路径规划，

其中每个机器人视为一个子群体，每个子群体通过进化算法独立搜索解空间以找到路径。通过子群体间的协作，可以避免碰撞并找到全局最优或次优解。

行为策略协同：在多智能体系统中，CCEAs可以用来协同进化不同智能体的行为策略。每个策略种群代表一类行为控制，通过协同进化机制同时进化，使得个体及系统学习到适应环境变化的新行为策略。

这些应用表明，群体协同进化算法在自学习进化作业中具有广泛的应用潜力，通过不断的学习和进化，机器人集群能够在不断变化的环境中提高作业技能和效能，实现更加智能化的作业模式。群体协同进化算法在机器人领域的应用，展示了其在解决多智能体系统中复杂优化问题方面的潜力和优势。通过模拟自然界中的协同进化机制，CCEAs能够有效地处理多目标优化问题，能够提升机器人集群的自主性、适应性以及面对复杂任务的协同工作能力。

4.2.3　多级进化

多级进化（Multi - Level Evolution，MLE）是一种用于设计和制造机器人的算法框架（见图 4 - 9），它模仿了自然界中生物体的进化过程[14]。多级进化是一种自底向上的自动化设计过程，从最基本的材料层次开始，逐步向更高层次的组件和机器人设计发展。MLE的核心原理是在每个层次上进行迭代和选择，以创造出能够适应复杂环境的机器人。在最低层次，通过搜索和选择材料来创建组件，考虑材料的物理和化学特性。在中间层次，将选定的材料组合成具有特定几何形状的组件，如传感器、执行器和结构元素。在最高层次，将组件集成到模板化的“身体计划”中，并评估其在特定任务中的性能。

多级进化（MLE）的步骤如下[14]：

1）初始化：从已知材料开始，根据物理属性将材料分类。

2）定义几何形状：在组件层次，定义几何形状并选择材料来创建身体段、传感器和执行器。

3）集成组件：在机器人层次，通过使用组合模式产生网络（CPPN）定义几何图案和身体计划布局。

4）评估和选择：在每个层次上，根据任务性能和适应性评估候选材料、

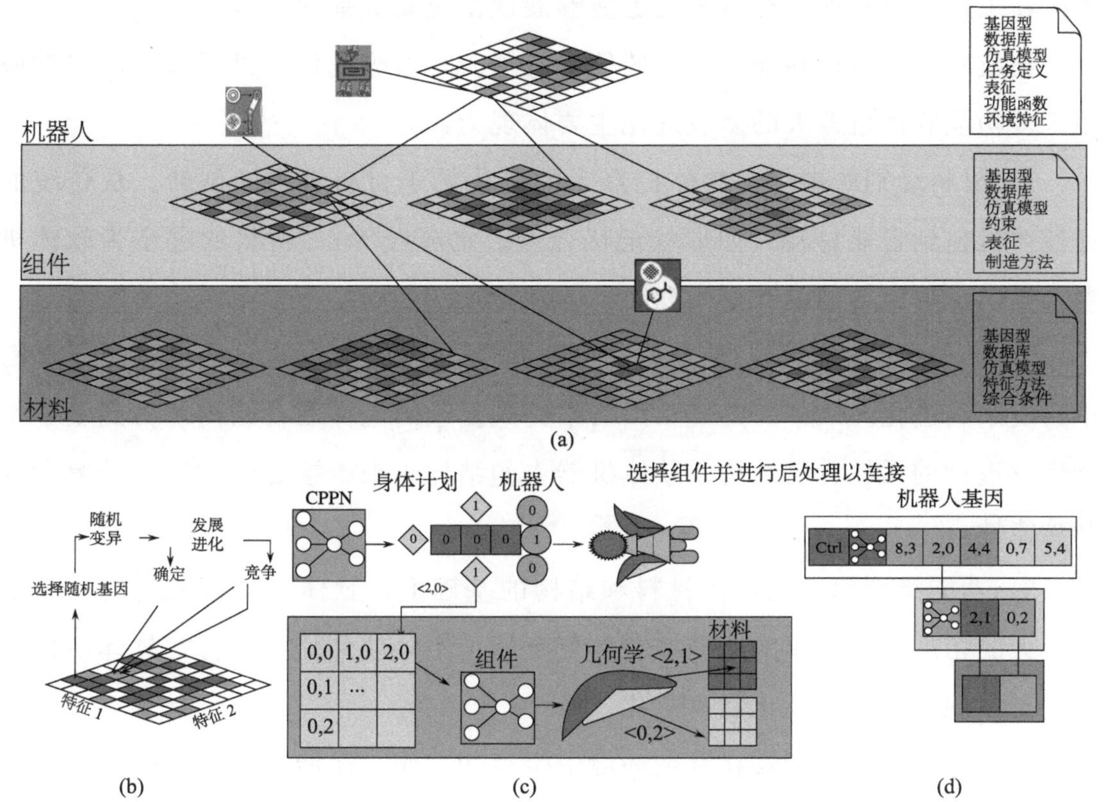

图 4-9　多级进化算法框架

组件和机器人，并选择最佳解决方案。

5）迭代进化：使用进化算法，如遗传算法，通过变异和重组生成新的候选解决方案，并重复评估和选择过程。

6）利用模拟：在虚拟环境中测试新材料、组件和机器人的性能，以减少物理测试的成本和时间。

7）物理实现：将经过充分测试和验证的设计方案转化为实际的物理机器人。

8）学习和行为适应：为机器人设计控制系统，使其能够通过学习来适应环境变化和执行复杂任务。

MLE 的关键在于它能够在材料、组件和机器人设计之间实现复杂的相互作用和协同进化[14]，从而创造出能够适应特定环境和任务的专业化机器人。通过这种方法，研究者们希望能够开发出新一代的机器人，它们不仅在物理上适应其工作环境，而且在行为上也能够展现出更高级别的智能。

集成感知、执行和变形能力的软体机器人是多级进化在机器人上的典型应用。多功能软体机器人的多级进化主要体现为：

1）材料级别的进化：软体机器人的进化始于材料级别的创新。从传统的弹性体材料到智能材料（如形状记忆合金、水凝胶等），材料的进步为软体机器人提供了更广阔的设计空间和更高的性能。

2）结构级别的进化：随着材料的发展，软体机器人的结构也经历了从简单到复杂的进化。从单一的气动网络结构到复杂的流体驱动结构，再到基于生物启发设计的柔软骨骼结构，软体机器人的结构越来越接近生物组织的复杂性和功能性。

3）功能级别的进化：在材料和结构的基础上，软体机器人的功能也得到了极大的拓展。从简单的运动控制到复杂的自主导航和任务执行，软体机器人正逐渐实现更高的智能化和自主化。

这些机器人不仅能够在复杂环境中生存和工作，还能通过感知外部刺激和内部状态变化来调整其行为，如基于离子聚合物金属复合材料（Ionic Polymer Metal Composites，IPMC）的仿章鱼软体机器人[15]，它们通过控制材料内部的离子运动实现弯曲和伸展，从而模仿章鱼的运动。

4.3　形态智能

形态智能强调智能体的物理形态在智能行为中的作用。它认为智能不仅仅来源于计算或者算法，还与智能体的物理结构紧密相关。例如，一个机器人的腿的设计可能直接影响其行走效率和稳定性，这种由身体结构带来的智能就是形态智能的一部分。形态智能通常涉及如何利用物理结构的特性来简化控制算法或者增强智能体的适应性。

形态智能是通过利用形态及其与环境的相互作用来降低大脑（或控制器）的计算成本。因此，愚蠢的形态是由于形态学及其与环境的相互作用而导致的计算成本的增加。

由于形态计算与仿生机器人的研究关系非常密切，二者之间的关系甚至会引起一些混淆。事实上，形态计算更关心的是利用形态来产生行为，而并非从形态上逼真地模仿某些生物。很多仿生型机器人通过模仿生物的形态以获得一些功能上的突破，例如，腿式机器人相比轮式能获得爬楼的能力。但在行为控制方面，并没有充分利用形态自身的优势，仍需要设计复杂的控制器。

刘华平等[16] 认为形态、行为与学习三个模块之间存在紧密的联系，如图 4－10 所示。

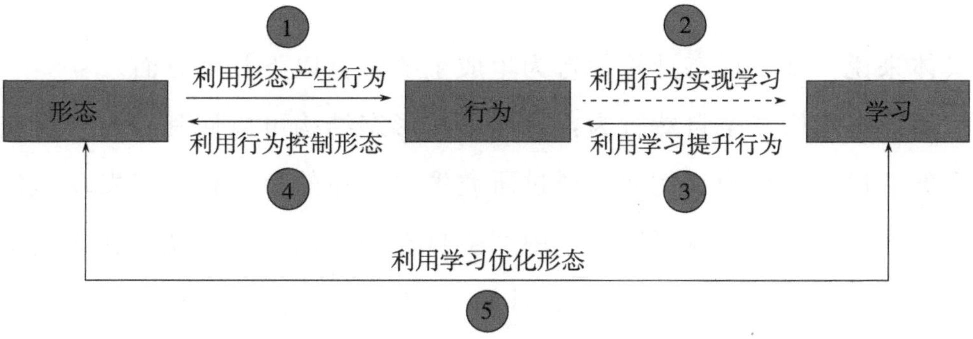

图 4－10　基于形态的具身智能的体系架构[16]

在基于形态的具身智能中，形态、行为与学习之间的关系可以归结为以下几个方面[16]：

利用形态产生行为①：重点强调利用具身智能体的形态特性巧妙地实现特定的行为，从而达到部分取代“计算”的目的。

利用行为实现学习②：重点强调利用具身智能体的探索、操作等行为能力主动获取学习样本、标注信息，从而达到自主学习的目的。

③和④分别强调利用学习提升行为，以及利用行为控制形态。后者有多种实现方法，但当前利用学习手段来提升行为，并进而控制形态的工作是人工智能技术发展起来后涌现出来的新型智能控制方法。特别是基于强化学习的技术已成为当前的热点手段。

利用学习优化形态⑤：强调利用先进的学习优化技术实现对具身智能体的形态优化设计。

4.3.1　基于形态计算的行为生成

基于形态计算的行为生成是指利用智能体的身体形状、材质及动态特性等物理形态特性，通过与环境的交互来产生智能行为的过程。这种机制强调通过形态结构的设计和改进，使得部分原本需要由“脑”即计算单元处理的计算任务能够部分或全部转移给“身体”即物理形态来完成。通过这种方式，可以减少计算负担，提高计算效率，并使得智能体能够更加自然和高效地与环境进行交互。

具体来说，基于形态计算的行为生成主要包括以下几个方面。

利用形态结构产生自然行为：智能体的形态结构可以使其在与环境交互时产生自然的运动和行为。例如，通过研究失去生命的鱼，科学家发现鱼的身体形态仅凭与环境的交互就可以在水中产生自然的运动。这种现象在人类生活中也比比皆是，例如，人类在拿取物体时，并不需要对物体的材质、形状等进行精确估计就能很容易地实现。

形态计算在智能行为中的作用：形态计算通过将部分计算工作交给“身体”完成，利用身体与环境交互的作用来产生行为。这种方式对于仿真-物理迁移、实现低功耗绿色计算等方面都具有很大的优势。形态计算在具身智能中被视为最为核心和重要的内容之一。

结合精密机构和软体材料的发展：随着精密机构、软体材料等领域的发展，形态计算迎来了新的发展机遇。这些技术的进步使得智能体的形态设计更加多样化和灵活化，为基于形态计算的行为生成提供了更多的可能性。

总之，基于形态计算的行为生成是具身智能研究中的一个重要方向，它通过利用智能体的物理形态特性来实现智能行为，为提高智能体的自主性和环境适应性提供了新的思路和方法。

4.3.2　基于学习的形态控制

基于学习的形态控制是指利用学习的方法来实现对智能体形态的控制。在具身智能的研究中，智能体的形态对于其行为表现具有重要影响，因此，基于学习的形态控制旨在通过智能体与环境的交互，优化控制器以适应不同的形态。

在具身智能中，形态控制的核心挑战在于如何将智能体的形态信息有效地融入控制器的学习过程中，以提升学习效率并实现不同形态之间的迁移。传统的强化学习方法往往忽视了形态特点，将不同部位的观测量简单拼接，直接输出所有控制量，导致搜索空间大且难以迁移。

为了克服这些挑战，研究者提出了多种基于学习的形态控制方法。其中，图神经网络（Graph Neural Networks，GNNs）和 Transformer 模型是两个重要的热点方向。图神经网络能够处理具有图结构的数据[17]，通过将智能体的形态表示为图结构，并利用图神经网络学习节点之间的交互关系，实现对形态信息的有效编码和利用。而 Transformer 模型则通过自注意力机制捕捉序列数据中的依赖关系[18]，可以将智能体的形态序列作为输入，学习形态间的动态变化和交互，从而实现对形态的控制。

这些基于学习的方法在形态控制方面取得了一定的进展，但仍面临许多挑战。例如，如何设计有效的形态表示方式，如何构建能够适应不同形态变化的控制器，以及如何在实际环境中验证这些方法的有效性等。未来，随着人工智能技术的不断发展，基于学习的形态控制方法有望在具身智能研究中发挥更大的作用。

4.3.3　基于学习的形态优化

形态与控制的联合优化学习：一方面，通过将形态设计的过程自动实现，可以显著推动形态智能的研究。另一方面，形态控制部分主要是在学习框架下以不同形式融入形态的信息来提升控制器学习效率和泛化能力。这种基于学习的控制器设计思路，也可以自然地推广到形态的设计中，从而实现形态与控制的联合优化学习。

一些研究利用进化学习框架实现了虚拟环境下形态与控制器的协同优化[19]。例如，将三维刚性机器人的结构表示为有向图基因，并利用图上的进化算法来优化机器人形态设计。这种方法能帮助机器人搜寻与环境和任务更匹配的形态。

深度学习和机器学习在形态优化中的应用：随着深度学习和机器学习技术的发展，这些技术也被广泛应用于形态优化中。例如，通过机器学习算法的训练，可以挖掘出设计方案之间的关系，为建筑设计优化提供数据支持；机器学习还可以帮助建筑师对各种设计参数进行优化，包括建筑形态、材料选择、能源效率等。

主动学习机制在形态优化中的应用：基于智能体具身行为的学习机制可以将数据的采集、模型的学习融为一体，实现主动交互的学习。这种主动学习机制对于形态优化来说具有重要意义，因为它可以在与环境的交互过程中不断收集数据，进而优化智能体的形态设计。

4.3.4　典型机器人案例

（1）软体机器人

软体机器人是一种新兴的机器人技术，其特点在于使用柔软、可变形的材料制成，这使得它们能够在复杂环境中进行灵活的操作和适应，在形态计算和形态控制方面具有独特的优势和应用。

软体机器人的形态计算主要体现在其结构设计和工作原理上。以一种典型的软体机器人——气动软体夹持器为例，其结构通常由柔软的硅胶材料制成，内部嵌有气动网络。当向气动网络中充入或排出气体时，软体夹持器会发生形变，从而实现对物体的抓取或释放。

在这个过程中，形态计算起到了关键作用。设计师需要精确计算气动网络的结构和布局，以确保软体夹持器在充气或放气时能够产生预期的形变。这种计算不仅涉及材料的物理特性（如弹性模量、泊松比等），还需要考虑气动网络内部的压力分布和传递效率。

此外，形态计算还涉及软体机器人与环境的交互。例如，在抓取不同形状和重量的物体时，软体机器人需要通过形态计算来调整自身的形变策略，以确保稳定、可靠的抓取。

软体机器人的形态控制主要通过调节内部的气压来实现。以气动软体机器人为例，控制系统需要精确地控制各个气动腔室的气压，以产生所需的形变。这通常需要使用精确的传感器和执行器，以及高效的控制算法。

在控制算法方面，研究人员已经开发出了多种方法，如基于模型的控制、学习控制和优化控制等。这些方法可以根据软体机器人的实时状态和环境信息来调整气压，从而实现精确的形态控制。

实际应用场景中，软体机器人的形态控制可以应用于各种复杂环境的操作任务，如抓取、搬运、装配等。由于软体机器人具有高度的灵活性和适应性，它们在处理不规则形状物体或在狭窄空间中操作时具有显著优势。

软体机器人的形态优化是一个持续的研究领域，旨在通过改进软体机器人的结构设计、材料选择和控制策略来提高其性能。优化的目标可能包括增强软体机器人的力量、灵活性、精度和耐久性等方面。

在形态优化方面，研究人员通常使用计算机仿真和实验验证相结合的方法来探索最佳的设计方案。例如，可以使用有限元分析（FEA）等仿真工具来预测软体机器人在不同条件下的性能表现，并通过实验验证仿真结果的准确性。

未来，随着新材料、新制造工艺和先进控制技术的发展，软体机器人的形态优化将有望实现更大的突破。优化后的软体机器人将在工业自动化、医疗康复、救援搜救等领域发挥更大的作用。

（2）模块化机器人

模块化机器人的自进化是一个高度复杂的技术领域，它涉及机器人在与环境交互过程中自动组织和优化其控制系统的能力。将进化机制融入机器人的设计中，使机器人能够通过进化过程自组织地模块化，产生期望行为 。

进化模块化机器人利用人工进化技术自动设计自主的自适应机器人，这些机器人可以进化以完成特定任务并适应环境变化。这些机器人的进化涉及控制结构或参数的自进化，以更好地实现目标功能，这种突现对控制系统的作用是实质性的和持久的 。

模块化自重构机器人（Self - Reconfigurable Modular Robots，SRMRs）是这一领域的一个分支，它们能够通过改变模块间的连接性来改变自身形状，执行新任务、适应环境变化或从损坏中恢复。这些机器人的多功能性、可靠性和低成本是其与传统机器人相比的主要优势。研究强调了在机械设计和控制器设计方面对材料选择的考虑，预计未来 SRMRs 领域将与材料科学有更多的互动。

林天麟教授团队在模块化自重构机器人领域取得了显著成果[20]，发表了关于自动优化连接规划方法的研究，该方法可以减少重构步骤并优化重构序列。以 SnailBot 为例[21]，SnailBot 由一个粗糙的金属球壳和一个带有永磁体的底盘组成，如图 4 - 11 所示。球壳和底盘分别被抽象为多个可互换的被动连接点和单个主动连接点。模块的被动连接点总数和主动连接点总数可以分别被转化为图论中节点的入度和出度。图 4 - 11 展示了 SnailBot 从立方体构型转变为人形构型。这项研究推动了模块化自重构机器人在户外非结构化环境中的应用，并展示了机器人集群在复杂环境下的适应性和协作能力。

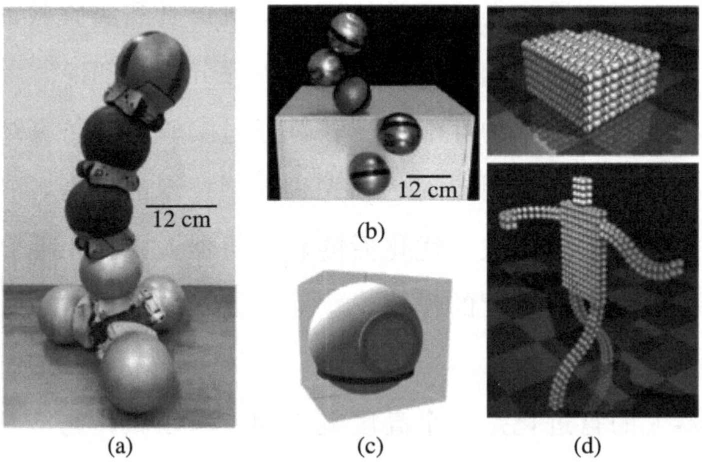

图 4 - 11 链式模块化机器人 SnailBot[21]

麻省理工学院的 M - Block 模块化机器人[22] 采用立方体外形，没有任何外部运动机件，但能够借助内部的飞轮装置攀爬、弹跳和滚动，甚至能够在金属表面倒立。M - Block 采用的飞轮旋转速度可达到 2 万 r/min。飞轮制动时将角动量施加给 M - Block，使其可以独立移动，同时也能够以一个群体的方式移动。M - Block 的每一个边缘和每一面都装有永久性磁铁，允许任何两个 M - Block 粘连在一起，如图 4 - 12 所示。每一个边缘装有两个圆柱形磁铁，像两个擀面杖一样。当两个立方体彼此靠近时，磁铁便会旋转，北极吸引南极，南极吸引北极，让两个立方体粘连在一起。M－Block 的每一面装有 4 对小磁铁，对称排列，帮助一个立方体落到另一个立方体上时将移动的立方体固定。

图 4－12　模块化机器人 M－Block[22]

总体来看，模块化机器人的自进化是一个不断发展的研究领域，它结合了进化计算、人工智能、机器人学和材料科学等多个学科的知识，以创造出能够适应并解决复杂问题的自适应机器人系统。

4.4　可进化机器人的挑战与方向

4.4.1　自进化机器人的挑战

（1）定义合适的设计空间

自进化机器人的设计空间是指机器人的形态、结构、行为和策略在理论上可能的所有变体和组合。正确定义设计空间对于确保机器人能够在进化过程中有效地探索和适应环境至关重要。设计空间的广度和深度直接影响到机器人的适应性和功能多样性。然而，一个过于庞大的设计空间可能导致搜索效率低下，而一个过于狭窄的设计空间则可能限制机器人的创新和适应能力。

为了有效地定义设计空间，需要结合机器人的应用场景和目标任务来确定其物理形态（如体积、形状、材料）、控制系统（如传感器、执行器的类型和配置）以及行为策略（如导航、交互、学习的方法）。此外，设计空间的定义还应考虑到可持续性和伸缩性，使机器人能够随着技术进步和环境变化进行适时调整。

（2）实现机器人的物理复制

在自进化的过程中，机器人需要能够在物理层面上复制自身或其组件，以适应新的环境或修复损伤。这一过程涉及高度的自主制造能力和精密的物理操作。物理复制不仅要求机器人具备对自身结构和功能的深入理解，还要求它能够操纵原材料，利用现场资源进行自组装和修复。

要实现物理复制，首先需要发展先进的材料科学技术，如自愈合材料、可重构材料等，以及精密的制造和组装技术，如3D打印、自动化微组装等。此外，机器人还需要具备高度的感知和操作能力，以识别和利用环境中的资源，进行自复制和修复。

（3）确保系统的可进化性和进化速率

自进化机器人的核心在于其能够不断进化以适应环境。确保系统的可进化性意味着机器人能够持续进行自优化和适应性调整，而进化速率则决定了机器人适应新环境的速度。一个高效的自进化系统需要在保持稳定性的同时快速响应环境变化，这在动态和不确定的环境中尤为重要。

为了提高系统的可进化性和进化速率，需要设计强大的学习算法和适应性策略。这可能涉及深度学习、强化学习、遗传算法等技术，以及高效的数据处理和决策框架。此外，机器人的硬件和软件设计应支持快速迭代和模块化更新，以便于快速集成新的功能和优化。

（4）控制进化过程

在自进化的过程中，如何有效地控制机器人的进化方向和速度是一大挑战。不恰当的控制可能导致机器人进化出非预期的行为或功能，甚至可能对环境造成不利影响。因此，需要制定明确的进化目标和约束条件，以及相应的调控机制。

控制进化过程需要通过精确的模型和算法来预测和指导机器人的行为变化。这包括设定适应度函数来评估机器人的表现，定义选择和变异策略来指导基因型的演化，以及监测和调整进化过程中的关键参数。此外，还需要考虑到机器人与环境的相互作用，确保进化过程不会对环境造成破坏或不利影响。

（5）实现机器人的终身学习和身体与大脑的共同进化

自进化机器人需要在其整个生命周期中不断学习和进化，这要求其能够将新的知识和经验有效地整合到现有的知识体系中。同时，机器人的身体（硬件）和大脑（软件）需要共同进化，以实现更高水平的适应性和智能。

为了实现终身学习，机器人需要具备持续学习的能力，即能够在不断变化的环境中积累经验并优化策略。这可能涉及发展新的学习算法，如持续学习、迁移学习等，以及优化记忆和决策机制，避免遗忘重要知识或陷入局部最优。

同时，身体与大脑的共同进化要求机器人的硬件设计能够支持软件的更新和优化，反之亦然。这可能涉及开发可适应性强的控制系统和执行机构，以及优化传感器和执行器的配置和性能。此外，还需要建立有效的反馈机制，使软件的变化能够指导硬件的调整，以及硬件的变化能够反馈到软件的优化中。

4.4.2　自进化机器人的发展方向

（1）开发模块化或细胞状多细胞机器人

模块化机器人是指由多个独立的单元或"细胞"组成的机器人系统，这些单元可以自主组合、拆分，以适应不同的任务和环境。这种设计使得机器人能够显示出极高的灵活性和适应性，类似于生物体中的多细胞组织。通过模块化设计，机器人可以在损坏时自修复，或根据任务需求重新组合其形态和功能。

模块化机器人的设计挑战在于如何确保各个模块间的稳定连接和高效通信。这要求开发出可靠的机械连接机制和低延迟的通信协议。同时，各模块需要具备一定程度的自主决策能力，以协调动作和响应环境变化。此外，模块化设计还涉及能源管理和分配问题，高效地将能源和数据在各模块间传递是关键技术之一。

（2）结合虚拟与实体进化

通过模拟器和物理环境的融合来提升机器人进化速度是近年来的重要趋势。模拟器可以在虚拟环境中快速测试和优化机器人的设计和行为，而物理环境提供了现实世界的复杂性和不确定性。通过两者结合，可以加速机器人进化的过程，同时确保进化结果的鲁棒性和实用性。

在这一方向上，关键挑战是如何提高模拟器的真实性和效率，使其能够准确模拟物理世界的物理规律和环境变化。这可能涉及开发高精度的物理引擎、复杂环境的建模技术，以及机器学习算法的优化。同时，需要设计有效的机制来迁移虚拟环境中学到的知识和策略到实际机器人中，避免“现实差距”问题。

（3）研究自动制造和装配方法

为了快速生产和部署自主机器人，研究自动制造和装配方法至关重要。这涉及机器人的快速原型制作、组件的自动化生产，以及整机的快速组装和测试。通过自动化这些过程，可以大大缩短机器人从设计到部署的周期，同时降低成本和提高生产效率。

自动制造和装配的技术挑战包括实现高精度和高可靠性的制造过程，在生产线上实现高度的灵活性和可重配置性，以及整合不同类型的材料和组件。此外，自动化生产还需考虑环境和安全因素，确保生产过程的可持续性和安全性。

（4）开发复杂的硬件和软件组合

随着技术的发展，未来的自主机器人将具备更加复杂和多样的功能。这要求开发出更为复杂的硬件和软件组合，以支持更广泛的任务和环境。硬件方面，可以探索更为先进的传感器、执行器、能源系统等；软件方面，则涉及更为复杂的控制算法、决策系统、学习模型等。

这一方向的挑战在于实现硬件和软件的深度融合和协同优化。硬件的设计需要考虑到软件的需求和特点，而软件则需要充分发挥硬件的潜力。此外，还需要开发出能够处理和整合来自多种传感器和数据源的数据的算法，以及适应多任务和多环境的决策和学习策略。

（5）研究新的机器人形态和行为模式

为了适应各种环境和任务，未来的自主机器人需要具备多样的形态和行为模式。这涉及从生物界中汲取灵感，设计出新型的机器人结构和运动方式，以及开发出能够适应这些新形态的控制和学习算法。

新的机器人形态可能包括软体机器人、变形机器人、微型机器人等，它们可以在特定环境中展现出独特的优势。例如，软体机器人能够在狭窄或不规则空间中灵活运动；变形机器人可以根据任务需求改变自身形态；微型机器人则可以进行精密操作或在微观环境中工作。而新的行为模式则可能涉及群体协作、自学习、环境互动等，这要求机器人能够处理复杂的社会交互和环境反馈。

4.4.3　自进化机器人的社会影响

（1）促进新形态机器人设计和制造，改变机器人生产观念

自进化机器人的发展将推动机器人设计和制造的革命，导致生产观念的根本变化。在这一进程中，机器人将不再是静态设计和固定功能的产物，而是能够根据环境和任务需求自调整和优化的动态系统。这意味着机器人生产将从传统的批量生产模式转向更为个性化和适应性的制造方式。

在这种新的生产观念下，制造商需要开发出能够快速适应设计变更的灵活生产线，以及支持机器人自复制和组装的技术。此外，设计和制造过程将更加注重用户的需求和反馈，以确保机器人能够满足不同场景的具体要求。这将带动供应链、物流和销售模式的变革，推动整个制造业的转型升级。

（2）拓展机器人部署范围，包括极端和不可接近的环境

自进化机器人由于其出色的适应性和灵活性，能够在之前难以想象的极端和不可接近的环境中工作。这包括深海、外太空、灾难现场、核反应堆等高风险或人类难以直接作业的场所。在这些环境中，机器人不仅可以执行探测、维修和救援等任务，还可以进行科学研究和资源开发。

这一变化将极大地拓展机器人的应用领域，推动新行业的发展。例如，深海和外太空的探索将能够获取前所未有的科学数据和资源，而灾难救援中的机器人则能够提高救援效率和安全性。同时，这还将推动相关技术和知识的发展，如遥控操作技术、环境适应性设计等。

（3）人机交互体验改善，机器人走入人民生活

自进化机器人的智能化和自适应性的提升将极大地改善人机交互的体验。机器人将能够更好地理解人类的意图和需求，通过更自然和高效的方式与人类

进行交流和协作。这不仅提高了机器人的工作效率，还增强了人们对机器人的信任和接受度。

在医疗、教育、家居等领域，机器人的这种改进将直接影响到人们的生活质量。例如，医疗机器人能够根据患者的具体情况进行个性化治疗；教育机器人能够根据学生的学习进度和风格调整教学策略；家居机器人则能更加精准地响应家庭成员的需求和习惯。这些变化将使机器人成为人们生活中不可或缺的助手和伙伴。

（4）新的伦理和安全问题，相应的监管政策的制定

随着自进化机器人技术的发展，新的伦理和安全问题也随之而来。这些问题包括机器人的决策透明度、数据隐私保护、责任归属、人工智能的道德约束等。这些问题的复杂性和新颖性要求我们重新审视现有的法律法规和伦理框架，并制定相应的监管政策来应对。

例如，需要明确机器人在关键任务中的决策过程，确保其符合公众的道德和法律标准；需要制定严格的数据保护政策，防止机器人收集和使用个人数据时侵犯隐私权；还需要界定机器人故障或错误行为的责任归属，确保受害者能够得到公正的赔偿。此外，还需要考虑到机器人技术可能被滥用的风险，如在军事和监控领域的应用，制定相应的国际公约和限制措施。

（5）促进跨学科研究，推动科学、工程和技术的发展

自进化机器人的发展需要跨学科的合作，包括计算机科学、机械工程、材料科学、人工智能、认知科学等领域的知识和技术。这种跨学科的合作不仅能推动自进化机器人技术的发展，还能促进相关学科的进步和融合。

在这一过程中，学术界和工业界需要加强合作，共享数据和资源，共同解决技术和应用中的关键问题。这可能涉及建立开放的研究平台和共享的数据集，以及制定相应的合作机制和知识产权保护措施。同时，还需要加强对相关领域人才的培养和教育，为自进化机器人的发展提供充足的人力资源。

总体而言，自进化机器人的社会影响是全方位的，它将改变我们的工作方式、生活方式和思维方式。面对这些变化，我们需要在技术创新的同时，也关注其伦理、法律和社会层面的影响，以确保技术的健康发展和社会的和谐进步。

参 考 文 献

[1] 张岩，王晴，康永霖，等．模块化自重构机器人关键技术综述及研究展望 [J]. 河北科技大学学报，2022，43 (6)：602-612.

[2] 杨立麒，黄志鹏，欧卓煜，等．基于 SMA 的软体机器人控制研究与分析 [J]. 电子世界，2019 (9)：52-53.

[3] 周亚丽．有生命的活体机器人 [J]. 知识就是力量，2020 (8)：82-83.

[4] EIBEN A E. EvoSphere：the world of robot evolution [C] //Theory and practice of natural computing：Fourth international conference on the theory and practice of natural computing (TPNC 2015) . Mieres：Springer-Verlag，2015：3-19.

[5] Researchers from University of Auckland Detail New Studies and Findings in the Area of Robotics (Investigating the Usability，Efficacy and Accuracy of a Medication Entering Software System for a Healthcare Robot) [J]. Robotice & Machine Learing Daily News，2022 (9)：2.

[6] Performance Assessment of a 3 DOF Differential Based Waist joint for the "iCub" Baby Humanoid Robot [C] //Robot and Human Interactive Communication，2006. ROMAN 2006：The 15th IEEE International Symposium on Robot and Human Interactive Communication (ROMAN 2006)，Hatfield：Institute of Electrical and Electronics Engineers，2006：195-201.

[7] MINGO J M，ALER R，MARAVALL-D，et al. Investigations into lamarckism，baldwinism and local search in grammatical evolution guided by reinforcement [J]. Journal of Computing and Inf-ormation Science in Engineering，2013 (32)：595-627.

[8] 孙福磊，魏秉晟，甘中学，等．基于间接编码的形态自适应机器人神经网络控制器设计 [J]. 计算机应用与软件，2023，40 (4)：60-67.

[9] STANLEY K O. Compositional pattern producing networks：A novel abstraction of development [J]. Genetic Programming Evolvable Machines，2007 (8)：131-162.

［10］ 肖莎．基于神经网络集成的进化机器人行为方法研究［D］．济南：山东大学，2007.

［11］ TAN K C，LEE T H，YANG Y J，et al. A cooperative coevolutionary algorithm for multiobjective optimization［C］//Systems，Man and Cybernetics，2004 IEEE International Conference. 2004（2）：1926 - 1931.

［12］ 孙丽玲．基于生物协同进化模式的群体智能优化算法研究［D］．北京：中国科学院大学，2015.

［13］ ANGELINE AGUINALDO，JACOB BUNKER，BLAKE POLLARD，et al. RoboCat：a category theoretic framework for robotic interoperability using goal - oriented programming［J］．IEEE Transactions on Automation Science and Engineering：a Publication of the IEEE Robotics and Automation Society，2022，19（3）：2637 - 2645.

［14］ DAVID HOWARD，AGOSTON E EIBEN，DANIELLE FRANCES KENNEDY，et al. Evolving embodied intelligence from materials to machines［J］．Nature Machine Intelligence，2019，1（1）：12 - 19.

［15］ MINGXIN WU，XINGWEN ZHENG，RUOSI LIU，et al. Glowing sucker octopus（stauroteuthis syrtensis）- inspired soft robotic gripper for underwater self - adaptive grasping and sensing［J］．Advanced Science，2022，9（17）.

［16］ 刘华平，郭迪，孙富春，等．基于形态的具身智能研究：历史回顾与前沿进展［J］．自动化学报，2023，49（6）：1131 - 1154.

［17］ 侯磊，刘金环，于旭，等．图神经网络研究综述［J］．计算机科学，2024，51（6）：282 - 298.

［18］ 申铠瑶，聂一鸣，商尔科，等．具身智能形态控制方法综述［J］．智能安全，2024，3（1）：74 - 84.

［19］ GUPTA AGRIM，SAVARESE SILVIO，GANGULI SURYA，et al. Embodied intelligence via learning and evolution［J］．Nature Communications，2021，12（1）.

［20］ 林天麟，罗浩波，涂宇啸，等．自重构机器人探索地外熔岩管的应用前景［J］．前瞻科技，2024，3（1）：74 - 85.

［21］ LUO H，LAM T L. Auto - optimizing connection planning method for chain - type modular self - reconfiguration robots [J]. IEEE Transactions on Robotics，2023，39 (2)：1353 - 1372.

[22] JOHN W ROMANISHIN，KYLE GILPIN，SEBASTIAN CLAICI，et al. 3D M - Blocks：self - reconfiguring robots capable of locomotion via pivoting in three dimensions [C] //2015 IEEE International Conference on Robotics and Automation. 2015：1843 - 2760.

第 5 章　机器人支撑技术

5.1　机器人感知系统

5.1.1　机器视觉

机器视觉作为人工智能领域的一个重要分支，通过模拟和模仿人类视觉系统，使计算机能够感知、理解并解释图像和视频数据。机器视觉技术[1] 是一个复杂而多面的领域，涉及图像处理、光学成像、传感器技术、控制理论等多个学科。以下将分别介绍机器视觉的几项关键技术。典型的机器视觉系统，如图 5－1 所示。

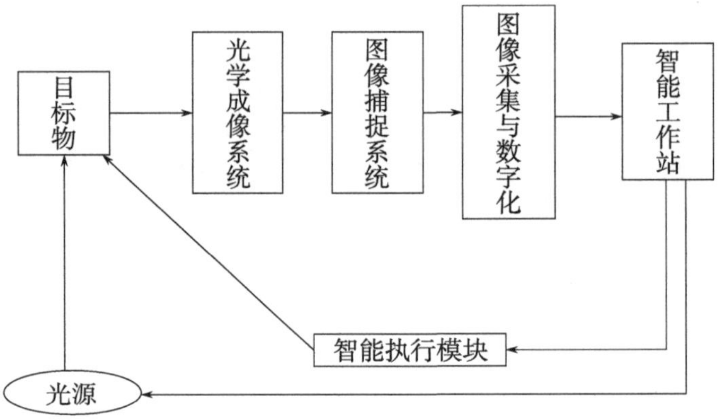

图 5－1　典型的机器视觉系统

照明光源技术：照明光源技术是机器视觉系统的基础和关键。照明光源的质量直接影响到系统采集到的图像质量，进而影响到后续图像处理和分析的准确性。由于被测对象、环境和检测要求千差万别，因此不存在通用的机器视觉照明设备。在实际应用中，需要根据具体案例设计照明方案，考虑物体和特征的光学特性、距离、背景等因素，选择合适的光源类型（如高频荧光灯、卤素灯、LED 等）、光的强度、颜色和光谱组成均匀性、光源的形状和照射方式等。

镜头技术：镜头是机器视觉系统中的“眼睛”，其主要作用是将目标的光学图像聚焦在图像传感器（相机）的光敏面阵上。镜头的质量直接影响到视觉系统的整体性能。在选择镜头时，需要考虑其分辨率、焦距、光圈、景深、成像尺寸、视场角、畸变等因素。为了获得高质量的图像，应选用畸变小的镜头，并尽量使镜头的最高分辨率与照明波长、CCD 器件接受波长相匹配。

图像传感器技术：图像传感器是机器视觉系统的核心部件之一，其作用是将光学图像转换成电信号，进而转换成数字图像信号。目前常用的图像传感器主要有 CCD（Charge - Coupled Device，电荷耦合器件）和 CMOS（Complementary Metal Oxide Semiconductor，互补金属氧化物半导体）两种。CCD 传感器具有高灵敏度、高分辨率、低噪声等优点，但成本较高；CMOS 传感器则具有成本低、集成度高、功耗小等优点，但在高分辨率和高帧率方面稍显不足。随着技术的发展，CMOS 传感器在性能上不断接近甚至超越 CCD 传感器，成为机器视觉领域的主流选择。

图像处理与分析技术：图像处理与分析技术是机器视觉系统的核心和灵魂。它通过对采集到的图像进行去噪、增强、校正等预处理操作，优化图像质量；然后提取图像中的关键特征（如边缘、颜色、纹理等），用于图像分类和目标识别；最后根据预设的条件和规则输出结果（如尺寸、角度、个数、合格/不合格等），实现自动识别功能。图像处理与分析技术涉及数字图像处理、计算机视觉、模式识别等多个学科领域，是机器视觉技术中最为复杂和关键的部分。

控制与执行技术：控制与执行技术是机器视觉系统的重要组成部分。它根据图像处理与分析的结果，对目标物体进行精确定位、跟踪和控制操作。在实际应用中，需要结合机械臂、传送带、夹具等执行机构，实现对目标物体的抓取、搬运、装配等操作。同时，还需要考虑系统的实时性、稳定性和安全性等因素，确保系统能够高效、准确地完成任务。

5.1.2　自然语言处理

自然语言处理最早产生于 1913 年。1956 年，美国语言学家乔姆斯基建立了自然语言的有限状态模型，“形式语言理论”由此诞生。20 世纪 50～60 年代，语言处理理论与算法陆续出现；20 世纪 80 年代初语言分析取得重大进展，有限状态模型和经验主义研究方法逐渐复苏；20 世纪 90 年代，自然语言处理发展迅速，广大学者开始研究大量真实文本，出现了分析句法、归类词语、话语处理等算法。互联网的发展使语言的信息检索或提取需求逐渐增强，推动自然语言处理技术的革新成为必然，尖端技术被运用到语言分析生成中，实现辅助写作。

自然语言处理技术的发展经历了从手动规则过渡到机器学习，延伸到深度学习阶段，2013 年词嵌入模型 RNN 和 LSTM 诞生，到 2017 年自然语言处理技术取得重大突破，Transformer、BERT、GPT 等模型被广泛应用于语言翻译和语言生成等过程[2]，其发展历程如图 5－2 所示。

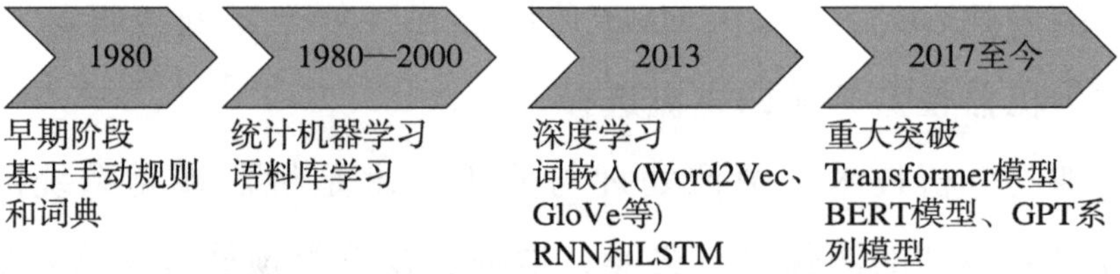

图 5－2　自然语言处理技术发展历程

截至目前，基于人工神经网络的深度学习技术被运用于自然语言处理、语音识别领域，以卷积神经网络和循环神经网络为依托对文本信息特征进行学习。自然语言处理技术过程如图 5－3 所示，用户在浏览器输入描述性语言，系统梳理、识别分析后定位到数据库相应字段，系统自动匹配数据库中的信息，采取科学算法，做出最优判断反馈给用户[3]。

自然语言处理技术的关键技术有词嵌入、深度学习、无监督学习与迁移学习、语言模型与机制等，接下来将详细介绍这几个技术。

词嵌入技术是将词汇特点表征作为向量的技术，词汇之间的语义关系可采用数学运算来实现。自然语言处理实践过程中词嵌入包括 Word2Vec、GloVe

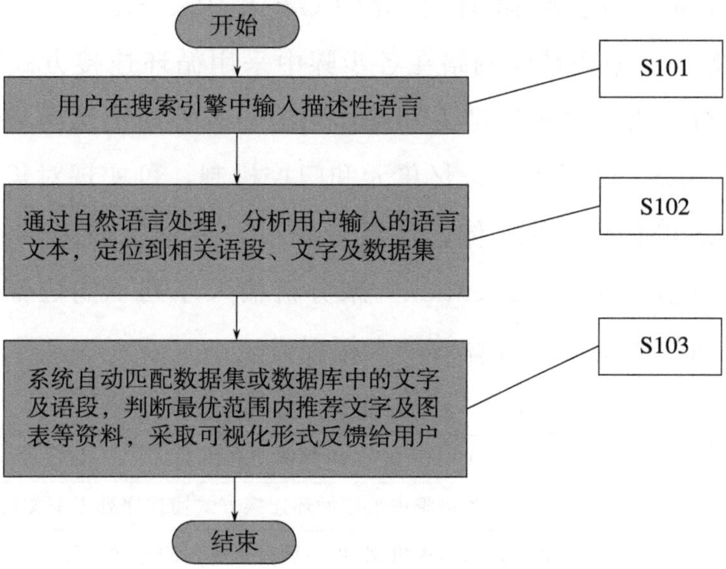

图 5－3　自然语言处理技术过程

和 FastText。Word2Vec 模型采用神经网络算法，学习上下文语境中的词汇来获得向量，包含连续词袋（CBOW）模型和 Skip－gram 模型两种训练方法。CBOW 模型通过上下文词汇预测目标词汇，Skip－gram 模型主要结合目标词汇预测上下文词语。GloVe 模型是一种针对词汇的统计嵌入模型，通过分析大规模语料库来获得词向量。FastText 模型是一种基于子词汇的词嵌入模型，将词汇分解为子词且赋予相应向量，将向量进行拼接得到正确表达，在处理未登录词（OOV）过程中优势明显[4]，见表 5－1。

表 5－1　词嵌入技术及功能

序号	词嵌入技术	具体功能特点
1	Word2Vec	基于神经网络算法，学习分析上下文语境的词汇获取向量，训练方法分为连续词袋（CBOW）模型和 Skip－gram 模型
2	GloVe	针对词汇统计嵌入模型，统计全局词汇，分析大规模语料库来获得词向量
3	FastText	基于子词汇的词嵌入模型，将词汇分解，拼接子词汇向量，实现正确表达，处理未登录词具有优势

深度学习是一种智能化机器学习方法，通过利用神经网络建立复杂的函数关系。自然语言处理采取的深度学习方法见表 5－2，具体包括循环神经网络（Recurrent Neural Network，RNN）、长短期记忆网络（Long Short－Term

Memory, LSTM)、门控循环单元(Gated Recurrent Unit, GRU)和Transformer等[5]。循环神经网络在各步骤中采用循环连接方式捕捉序列上下文信息进行分析。为解决梯度消失和爆炸问题，长短期记忆网络和门控循环单元被研发出来，LSTM引入了记忆单元和门控机制，可实现对长序列的科学处理。GRU是LSTM的一种变体，参数量较少，模型比较简洁。Transformer采用自注意力机制(Self - Attention)来分析输入序列不同位置的关系，可避免不合理循环结构的影响，计算效率大幅提升。

表5-2 深度学习方法分类

序号	词嵌入技术	具体功能特点
1	RNN	循环神经网络在各步骤中采用循环连接方式捕捉序列上下文信息进行分析
2	LSTM	引入了记忆单元和门控机制,可实现对长序列的科学处理
3	GRU	LSTM的一种变体,参数量较少,模型比较简洁
4	Transformer	采用自注意力机制分析序列的关系,在文本摘要和机器翻译中应用效果突出

无监督学习是基于无标注数据及信息的机器学习方法，可用在词聚类、文档聚类、主题模型等任务中。无监督学习模型可以挖掘文本中潜在的模式与结构。迁移学习(Transfer Learning)是一种适合用于语言处理的学习方法，在任务上实现模型高效训练，可以解决数据缺失的问题，海量数据上训练语言模型，将经验或知识迁移到选取的小数据集上，如BERT及GPT等预训练模型。

语言模型主要作用是预测词语出现概率，基于深度学习的预训练语言模型(如BERT、GPT)在自然语言处理任务中效果较好，通过对海量语料的无监督训练，学习逐步提炼语言生成能力，为下游语言处理提供语言基础表征[5]。注意力机制(Attention Mechanism)是一种处理分配权重的学习方法，可使语言模型获取到语言处理的信息，优化语言模型。

信息提取(Information Extraction)是指在非结构化文本中提取结构化信息的方法，信息提取包括命名实体识别(NER)、关系抽取和事件抽取等。将获得的关键信息转化为有价值的数据或信息，为文本挖掘提供依据。语言生成是自然语言处理的最后步骤，是按照用户要求生成自然语言文本的过程。运用基于循环神经网络的Seq2Seq模型、基于Transformer的BERT模型及基于预训练语言模型的GPT模型，见表5-3。

表 5-3　语言模型基于的学习方法

序号	生成模型	基于的学习算法或方法
1	Sep2Sep	基于循环神经网络算法
2	BERT	基于 Transformer
3	GPT	基于训练语言模型

5.1.3　触觉感知

触觉感知领域属于科学前沿的交叉地带，触觉感知主要是应用于机器手上，触觉主要分为：主动触觉和被动触觉。

主动触觉的典型例子是手指头。我们的手指每平方厘米有上千个触觉传感单元，它们负责把各类信息传递给大脑，其中有高频振动信息和低频空间信息。主动触觉让每个人能够识别物体的软硬、粗糙度、干湿特性及表面纹路，进而可以对触摸对象形成认知。主动触觉不仅可以使抓取等操作进行得更加流畅和稳定，还有可能和触觉反馈系统联合起来做到远程触觉感知。触觉反馈指的是一种可以给手部制造某种触觉的装置；比如我们在用 VR 设备时，眼睛看见一个虚拟的杯子，当我们用手去抓取这个虚拟世界里的杯子时，如果有一个装置能给手部制造一个杯子的触感、骗过大脑、我们就有更好的沉浸式体验。如何使主动触觉和触觉反馈结合，应用于场景就更值得开脑洞了。比如，主动触觉先从地点 A 收集一个触觉，通过远程传输，把信号传递给地点 B 的触觉反馈装置，就可以让人在 B 点感受到 A 点的触觉。这在远程医疗、深海考察、太空探索都有潜在的应用[6]。当然还包括日常的社交和服务交互，想象不用出门就能够触摸全世界的那种感受，触觉是一种独一无二的感官，是视觉无法替代的。

被动触觉的典型例子是我们的脸颊、手臂和后背。当你的爱人抚摸你的脸颊时，大脑通过解析面部皮肤所感受的触摸速度、力度和运动轨迹等复杂信息，就能告诉你对方想传达的情感。人类实际上有一套很完整的触觉-情感机制。也就是说，被动触觉可以应用在人机交互领域[7]。比如在玩具和看护行业，小孩子们喜欢的各种玩具现在正在向智能化发展，有许多玩具都能够通过语音和小朋友互动，但是玩具还没有触觉，当小朋友抚摸它时，它不会对此有任何反馈，倘若玩具娃娃有了被动触觉，玩具娃娃就能更加“通人性”了。除此之外，很多真人大小的橡胶假人的外表也越来越像人了。而且在中国有很多人和假人一起生活，甚至有些人会将这些假人视为家人，会每天给假人梳妆打扮，带她/他们出去踏青游玩。有一部纪录片专门讲述这一内容，倘若这些假人有了触觉，能够识别出触觉情感，并以此与真人互动，那么这些假人会更加像人。另外，在假肢领域，被动触觉同样具有重要作用。事实上仅传递最简单的触觉感受，就能为假肢用户提供很好的用户体验。

触觉感知有 6 种主要类型：压阻式、压电式、电容式、量子隧道式、光学式、气/液压式。下面就一一介绍这 6 种类型的工作原理。

“压阻”这个概念很容易理解，指的是当一个材料受到挤压/拉伸等载荷时，它的电阻会随着变形而发生变化。材料通常是由橡胶和导电颗粒制作的复合材料，具有一定的弹性。

压阻式最简单的触觉解决方案是将一整块压阻材料的两面分别布置横纵柔性电极，如图 5-4 所示。横纵交错的电极与之间的整块压阻材料会等效成电路，如图 5-5 所示。当物体对其施加变形时，电阻的变化会导致电流的变化，通过检测电流或电压的变化即可判断触觉发生的位置和力度。

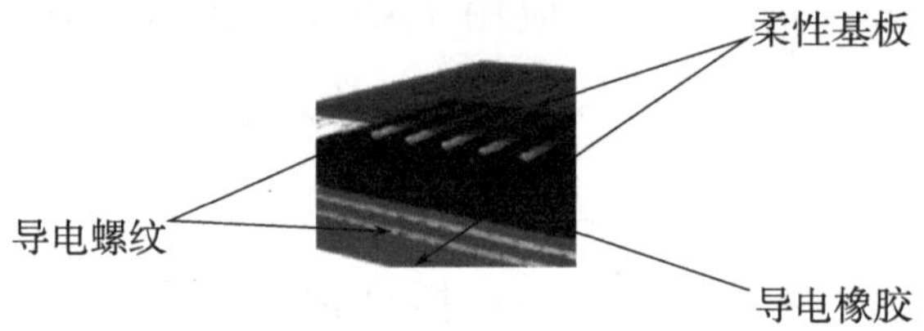

图 5-4　压阻材料

压电式：压电效应要比压阻效应复杂一点。压电效应的意思是，当材料受到一个方向的载荷时，材料内部出现极化，会在材料的表面形成一些电荷，导致材料的两端出现了可测量的电势差。具有压电效应的材料有石英（很硬）、某种陶瓷（很硬）、某类聚合物（较软）。

一种经典的压电聚合物是聚偏二氟乙烯（简称 PVDF），化学式如图 5-6 所示，就是把聚乙烯的两个氢原子换成了氟。

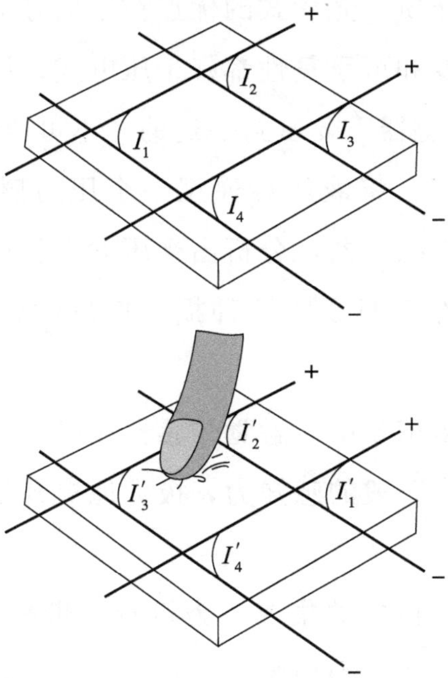

图 5 - 5　等效电路

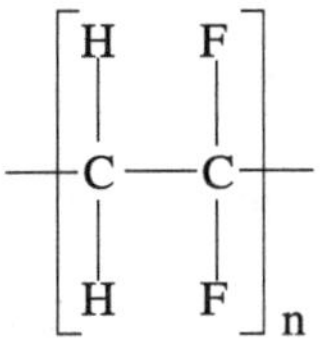

图 5 - 6　聚偏二氟乙烯化学式

电容式：改变电容两端的间距。即当材料发生接触变形时，里面的电容由于间距减小而改变。电极的排布方式和图 5 - 4 很像，只不过中间的不再是导电橡胶，而是绝缘体。所有的交叉点都会形成一个小电容。当人手靠近时，会改变电场分布，从而改变电容。

量子隧道式：QTC（Quantum Tunnel Composite，量子隧道复合材料）是一种复合材料，由于受到载荷，材料本身会从绝缘状态转变成导体状态。基底中的金属颗粒在靠得足够近时，金属颗粒之间会产生量子隧道效应（Quantum Tunnel Effect）。

光学式（Optical）：光学式一般需要一个光源、一个光学探测器（用来探测光强），以及可以传递光的透明介质。其技术难点之一在于光介质的布局，另一个难点在于用哪种介质。光学式的优点在于信号清晰稳定，不会受到电磁信号的干扰，信号灵敏度和可重复性都好于压电式、压阻式和电容式。

气/液压式：这种传感器需要密封一定的“不可压缩介质”，一般用某种液体，然后由于连通器原理，将液压传递至一个压力感受器，当表面受到压迫时，液压就会传递给压力感受器，分析出受压大小。这相当于把一个面的二维压力分布信息压缩成一维信息了，这种损失信息的行为在触觉领域还是要避免的。

在机器人技术的众多革新中，触觉传感器在机器人指尖上的应用无疑赋予了机器人指尖如同“生命”般的感知力，极大地提升了机器人与环境和人类交互的智能化水平[8]。

触觉传感器在机器人指尖的集成，为机器人带来了前所未有的感知能力。这些传感器能够精确感知和识别物体的形状、纹理、硬度等属性，使机器人在抓取和操作物体时能够更加精准和稳定。此外，触觉传感器还能检测物体的滑动和旋转等动态信息，为机器人提供了实时的反馈和动态控制的能力。

在精准抓取方面，触觉传感器通过感知物体表面的细微变化，使机器人能够精确地确定抓取位置和力度。这种能力在工业自动化、物流仓储等领域尤为重要，能够确保机器人在处理复杂形状和脆弱物体时不会造成损坏或失稳。

在动态控制方面，触觉传感器实时监测物体的滑动和旋转情况[9]，为机器人提供了实时的动态调整能力。这使得机器人在处理易滑动或动态变化的物体时，能够迅速调整抓取策略，确保操作的稳定性和安全性。

在人机交互方面，触觉传感器的应用更是开启了全新的交互模式。通过感知人类的触摸和手势等信息，机器人能够更准确地理解人类的意图和需求，从而提供更加智能、个性化的服务。

触觉传感器在机器人指尖的应用不仅提升了机器人的感知能力，还推动了机器人技术的创新和发展。随着传感器技术的不断进步和算法的优化，未来触觉传感器将具备更高的精度、更快的响应速度和更丰富的感知能力，为机器人技术带来更多可能性。

5.2　机器人自组织通信

机器人集群的自组织通信是指在没有中央控制的情况下，机器人之间能够自主地建立通信网络，实现信息的交换和任务的协调。这种通信方式对于机器人集群的高效运作至关重要，尤其是在动态和不确定的环境中。以下是机器人集群自组织通信的几个关键方面。

5.2.1　通信拓扑结构

机器人集群中的通信网络可以是静态的或动态的，根据机器人的移动和任务需求变化。常见的网络拓扑包括星形、环形、网状拓扑和树状结构。

星形结构是最古老的一种连接方式，如图 5－7 所示，大家每天都使用的电话属于这种结构。星形结构是指各工作站以星形方式连接成网。网络有中央节点，其他节点（工作站、服务器）都与中央节点直接相连，这种结构以中央节点为中心，因此又称为集中式网络。

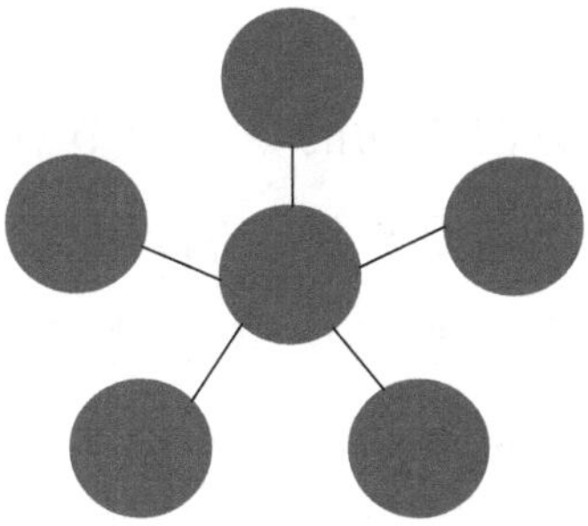

图 5－7　星形结构图

这种结构便于集中控制，因为端用户之间的通信必须经过中心站。这一特点，也带来了易于维护和安全等优点。端用户设备因为故障而停机时也不会影响其他端用户间的通信[10]。同时它的网络延迟时间较小，传输误差较低。但这种结构非常不利的一点是，中心系统必须具有极高的可靠性，因为中心系统一旦损坏，整个系统便趋于瘫痪。对此，中心系统通常采用双机热备份，以提高系统的可靠性。

环形结构如图 5-8 所示。这种结构中的传输媒体从一个端用户到另一个端用户，直到将所有的端用户连成环形。数据在环路中沿着一个方向在各个节点间传输，信息从一个节点传到另一个节点。这种结构显而易见消除了端用户通信时对中心系统的依赖性。

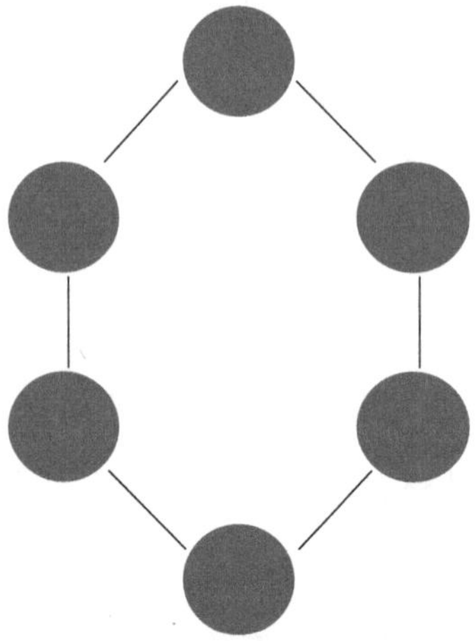

图 5-8　环形结构图

环形结构的特点是：每个端用户都与两个相邻的端用户相连，因而存在着点到点链路，但总是以单向方式操作，于是便有上游端用户和下游端用户之称。信息在网中是沿着固定方向流动的，两个节点仅有一条道路，故简化了路径选择的控制。环路上各节点都是自举控制，故控制软件简单。由于信息源在环路中是串行地穿过各个节点，当环中节点过多时，势必影响信息传输速率，使网络的响应时间延长。环路是封闭的，不便于扩充。可靠性低，一个节点故障，将会造成全网瘫痪。维护难，对分支节点故障定位较难。

网状拓扑结构中，网络的每台设备之间均有点到点的链路连接，这种连接不经济，只有每个站点都要频繁发送信息时才使用这种方法。它的安装也复杂，但系统可靠性高，容错能力强，有时也称为分布式结构。网状结构图如图 5-9 所示。

树状结构是分级的集中控制式网络，如图 5-10 所示，与星形相比，它的通信线路总长度短，成本较低，节点易于扩充，寻找路径比较方便，但除了叶节点及其相连的线路外，任一节点或其相连的线路故障都会使系统受到影响。

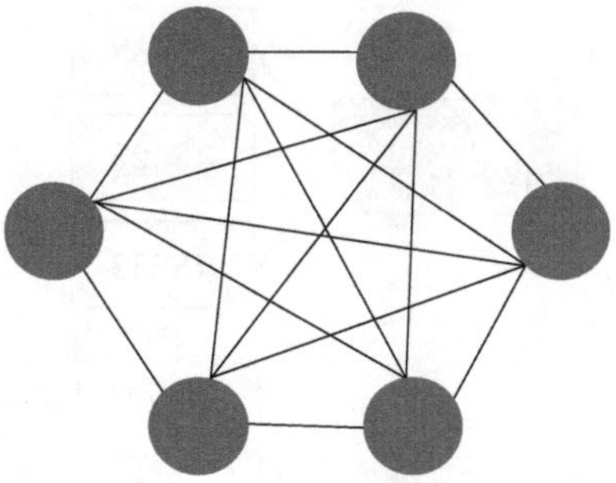

图 5－9　网状结构图

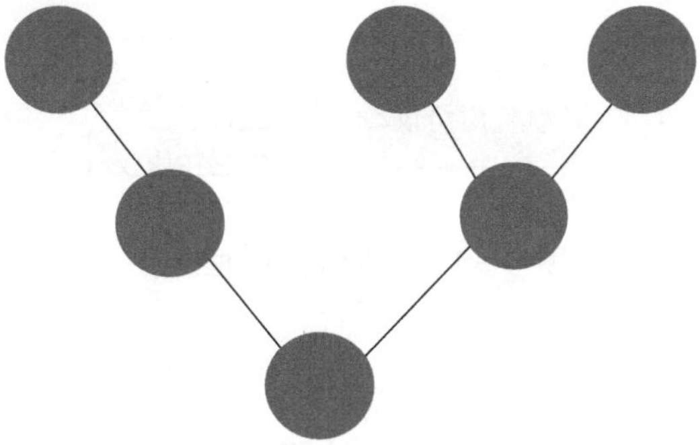

图 5－10　树状结构图

5.2.2　通信协议

需要设计适合机器人集群的通信协议，这些协议能够适应网络的动态变化，可能包括数据传输、路由选择、信息同步、错误检测和纠正机制。

通信协议主要是实现两个设备之间的信息交换功能，通信协议框架如图 5－11 所示，其通信协议分为硬件层协议和软件层协议。例如，常见的 RS232、RS485 属于硬件层协议，Modbus 属于软件层协议，而 CAN 通信特有硬件层协议和软件层协议[11]。

每个机器人连接一个数据传输通信模块，数传之间进行组网来传递信息。根据 ISO 的划分，网络通信的模型分为从低到高的 7 层。

物理层（网线、网口、串口）：电气接口、线缆连接。如网口（RJ45）、RS232 串口等。这一层只和硬件有关，传输的是 0 和 1 的 bit 流。数传一般提供串口，但有的数传也同时提供多个串口和网口[12]。对于单片机飞控来说，

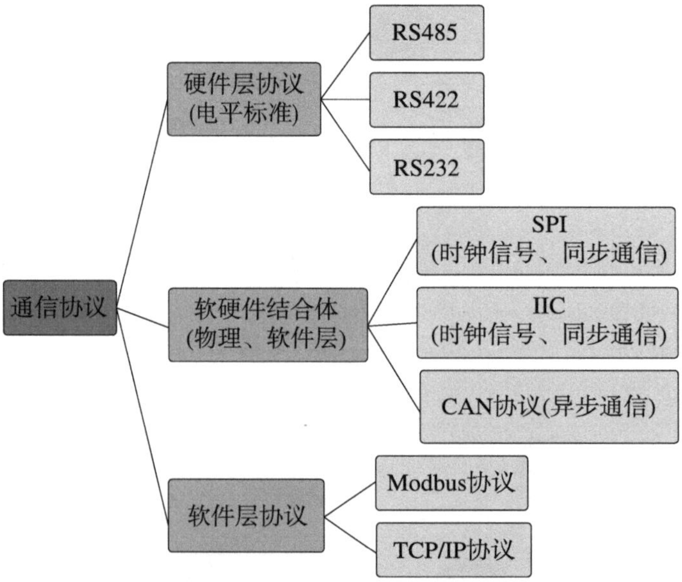

图 5-11　通信协议框架图

连接和使用数传的串口是比较容易的。但是对于有 Linux 系统的上位机（如树莓派）来说，使用数传上的网口会更加方便地连接到集群内其他个体。

数据链路层（数传、无线网卡、网桥）：该层的作用包括物理地址寻址、数据的成帧、流量控制、数据的检错、重发等。这一层中将 bit 流封装成 frame 帧，即规定了 0 和 1 的分包形式。

这一层常见的协议是 IEEE 802 局域网标准，其中最常见的有 IEEE 802.3 以太网（也就是常说的有线网）、IEEE 802.11 无线局域网（也就是常说的 WLAN 或者 WiFi）。

无线数传可能使用的是 IEEE 802.11 这种 WLAN 协议，其中 802.11n 也俗称 WiFi4（2.4 GHz），802.11ac 也俗称 WiFi5（仅在 5 GHz 频段工作），802.11ax 也俗称 WiFi6（速度更快）。但这三种协议传输距离都很近，为了进军 IoT 物联网市场，802 家族还推出了 802.11ah 协议[13]，俗称 WiFi-HaLow（比如阿木实验室的 homer 数传就是采用的这种协议），其工作在 Sub-1 GHz 频段，但传输距离也只有 1 km。

网络层（路由器，IP）：对网络内的数据包进行路由选择。网络层处理的是数据包（packet），使用的是 IP 地址（区分不同的机器），作用是路由（为每个数据选择和建立一条通路），常见的设备是路由器、多层交换机。

传输层（TCP、UDP，端口）：传输层关注的是各个机器上的各个应用程序之间通信的问题，最常用的就是 TCP 和 UDP 协议。

每一个应用程序都会在网卡注册一个端口号，该层就是端口与端口的通信，处理的数据单位是数据段（Segment）。

TCP 协议和 UDP 协议都需要知道应用程序的 IP 和端口。区别是 TCP 协议是面向连接的点对点连接，服务器和客户端应用程序必须都在线而且先建立连接，才能进行数据收发，而且还有数据重发的机制保证数据一定传输给对方。而 UDP 协议不需要建立连接，应用程序只负责向本机的某个端口发送数据或者从别机的某个端口读取数据，而不管有没有程序在接收或者发送，因此 UDP 协议除了点对点通信外，还支持多播（组播）、广播，即加入组播群的节点都能收到群内所有其他节点的消息。

TCP 是可靠的传输协议，缺点是略慢，只能点对点。UDP 协议是不可靠的传输协议，支持多点传输。编程中使用 socket 套接字来进行 TCP 和 UDP 通信。

机器人集群多机间通信是采用 UDP 还是 TCP？从通信质量来看，如果不关心数据实时性，而只要求数据不能丢弃，那么 TCP 更可靠。如果只关心数据流的实时性，看重低延迟，那么 UDP 可能好一些（TCP 其实也不慢）。

从连接方式来看，如果事先不知道所有机器人的 IP，只知道程序用的端口，那么应当用 UDP 的组播，即所有机器人都加入这个组播地址，往组播群里发消息，则其他个体都能收到。比如做一个多机地面站，接入飞机的 IP 可能事先并不确定，此时应当用 UDP 组播。

从通信带宽占用来看，UDP 组播/广播由于向群里所有其他个体都发送了消息，可能有些个体并不需要知道这些消息，这造成了带宽的浪费。相比之下，TCP 点对点通信就减少了这种带宽的浪费。但是，如果某个体和其余个体通信的内容都是一样的，比如要向 N 个其他节点广播自身的位置，那 UDP 组播更节省带宽。因为 UDP 组播情况下每条链路、每个设备都最多只会经过一次，因此占用的带宽不会随着广播域的增大而扩大。而 TCP 需要为每两两连接的个体发送一次相同的数据包。

会话层和表示层被弃用。

应用层（HTTP、DNS、ssh、mavlink）：这一层是纯软件部分，关注的是应用程序之间传输的报文的格式协议。常见的协议比如 DNS 协议（解析域名，运行在 UDP 协议之上[14]，使用端口号 53）、HTTP 协议（浏览器网页协议）。多机器人之间传递信息的应用层协议完全可以自己定义，比如自己规定报文中每帧的内容含义。也可以用一些通用的协议标准，比如 mavlink（常用于无人机之间）。

有时候，传输层和应用层之间还会加一个中间层，比如 DDS（Data Distribution Service）就是以数据为中心的中间件协议和 API 标准。DDS 将应用层程序从操作系统、网络传输和低级数据格式的详细信息中抽象出来。以不同的编程语言提供了相同的概念和 API，从而允许应用程序跨操作系统，语言和处理器体系结构交换信息。底层细节，如数据线格式、发现、连接、可靠性、协议、传输选择、QoS、安全性等都由中间件管理。

5.2.3　资源管理与安全

机器人集群需要有效地管理通信资源，如频谱、功率和带宽。资源管理策略可以基于优先级、任务需求或能耗考虑。

优先级管理：为不同类型的通信设置优先级。例如，紧急任务的通信可以具有更高的优先级，以确保及时响应。这可以通过 QoS（Quality of Service）机制来实现。

任务需求：根据机器人的任务需求分配通信资源。例如，需要高带宽的任务（如高清视频传输）可能需要更多的频谱和带宽。

能耗考虑：通信资源的使用也应考虑机器人的能耗。降低功率可以延长机器人的电池寿命。因此，可以根据任务的重要性和能耗需求来管理通信资源。

自适应算法：使用自适应算法来根据网络条件和任务需求动态分配资源。例如，根据信号强度和拥塞情况调整频谱和功率。

频谱共享：如果机器人集群共享相同的频谱，可以使用协作频谱感知和频谱共享技术，以避免干扰。

在机器人集群的通信中，需要保护数据的完整性和机密性。可以采用加密技术、认证机制和访问控制来增强通信的安全性。

加密技术：使用加密算法对通信数据进行加密，以防止未经授权的访问。例如，TLS/SSL 协议用于保护网络通信，而端到端加密可确保数据在发送和接收之间得到保护。

认证机制：确保通信的两端都是合法的实体。例如，使用数字证书和身份验证来验证机器人之间的通信。

访问控制：限制对通信资源的访问。只有授权的机器人才能进行通信。这可以通过访问控制列表（ACL）或基于角色的访问控制（RBAC）来实现。

防火墙和入侵检测系统：在网络边界上部署防火墙，监控通信流量并检测潜在的入侵行为。

数据脱敏：在传输之前，对敏感数据进行脱敏处理，以减少数据泄露的风险。

5.3　机器人驱动系统

设计适应性强的驱动系统，能够根据不同任务调整其性能。驱动系统可能包括电动、液压或气动等多种选项。适应性驱动系统是一种能够根据不同的工作条件和任务需求，自动调整其性能参数的驱动系统。驱动系统驱控机器人的执行机构产生相应的动作，包括液压驱动、气压驱动、电动驱动等。

为了满足机器人集群在不同任务中的驱动需求，表 5－4 是对液压驱动、气压驱动和电动驱动的详细对比。一般情况下，各种机器人驱动系统的设计选用原则有控制方式、作业环境要求、操作运行速度。

对于控制方式，低速重负载时可选用液压驱动系统；中等负载时可选用电动驱动系统；轻负载时可选用电动驱动系统；高速轻负载时可选用气动驱动系统。

对于作业环境要求，从事喷涂作业的机器人由于工作环境需要防爆，考虑到其防爆性能，多采用电液伺服驱动系统和具有本征防爆的交流电动伺服驱动系统。在腐蚀性、易燃易爆气体、放射性物质环境中工作的移动机器人，一般采用交流伺服驱动[15]。例如，在洁净环境中使用时，多要求采用直接驱动（Direct Drive，DD）电动机驱动系统。要求其有较高的点位重复精度和较高的运行速度，通常在速度相对较低（<4.5 m/s）情况下，可采用 AC、DC 或步进电动机伺服驱动系统；在速度、精度要求均很高的条件下，多采用直接驱动（DD）电动机驱动系统。

机器人主要的驱动系统：电液伺服驱动系统、气动驱动系统、电动驱动系统。早期的机械手和机器人中，其操作机多应用连杆机构中的导杆、滑块、曲柄，多采用液压（气压）活塞缸（或回转缸）来实现其直线和旋转运动。随着控制技术的发展对机器人操作机各部分动作要求的不断提高，电动机驱动在机器人中应用日益广泛。

表 5－4　三种驱动系统的性能特点

内容	液压驱动	气压驱动	电动驱动
输出功率	很大 压力范围为 50～1 400 N/cm^2 液体的不可压缩性	大 压力范围为 40～60 N/cm^2 最大可达 100 N/cm^2	较大
控制性能	控制精度较高 可无级调速 反应灵敏 可实现连续轨迹控制	气体压缩性大 精度低 阻尼效果差 低速不易控制 难以实现伺服控制	控制精度高，能精确定位，反应灵敏，可实现高速、高精度的连续轨迹控制，伺服特性好，控制系统复杂
响应速度	很高	较高	很高
结构性能及体积	执行机构可标准化、驱动功率质量比大、体积小，结构紧凑，密封问题较大	执行机构可标准化、模块化、易实现直接驱动、功率质量比较大 体积小，结构紧凑，密封问题较小	伺服电动机易于标准化、结构性能好、噪声低，电动机一般需配置减速装置，除 DD 电动机外，难以进行直接驱动，结构紧凑，无密封问题

续表

内容	液压驱动	气压驱动	电动驱动
安全性	防爆性能较好,用液压油作传动介质,在一定条件下有火灾危险	防爆性能好,高于 1 000 kPa(10 个大气压)时应注意设备的抗压性	设备自身无爆炸和火灾危险。直流有刷电动机换向时有火花,对环境的防爆性能较差
对环境的影响	泄漏对环境有污染	排气时有噪声	很小
效率与成本	效率中等(0.3～0.6),液压元件成本较高	效率低(0.15～0.2),气源方便,结构简单,成本低	效率为 0.5 左右,成本高
维修及使用	方便,但油液对环境温度有一定要求	方便	较复杂
机器人中应用范围	适用于重载、低速驱动,电液伺服系统适用于喷涂机器人、重载点焊机器人和搬运机器人	适用于中小负载、快速驱动、精度要求较低的有限点位程序控制机器人。如冲压机器人、机器人本体的气动平衡及装配机器人气动夹具	适用于中小负载、要求具有较高的位置控制精度、速度较高的机器人。如 AC 伺服喷涂机器人、点焊机器人、弧焊机器人、装配机器人等

电液伺服驱动控制系统是由电气信号处理单元与液压功率输出单元组成的闭环控制系统，具有控制精度高、响应速度快、信号处理灵活、输出功率大、结构紧凑、功率质量比大等特点，在机器人驱动系统中得到广泛应用。采用电液伺服系统的机器人，具有点位控制和连续轨迹控制功能，并具有防爆性能。电液伺服驱动的机器人所采用的电液转换和功率放大元件有电液伺服阀、电液比例阀等。

电液伺服动力机构：电液伺服电动机、电液伺服液压缸、电液步进电动机、电液步进液压缸、液压回转伺服执行器等。

采用电液伺服驱动的机器人系统设计中，应注意伺服阀的布置，以使伺服阀与驱动器之间连接的管线距离最短，以提高系统的动态响应。

系统动力源压力以适中为宜（689～1 379 kPa），回油管及油冷却器必须按一定的尺寸制造，以利热量散发，保护回路中的部件。

气动驱动系统多用于两位式或有限点位控制的机器人（如冲压机器人）中；作为装配机器人的气动夹具；用于点焊等较大型通用机器人的气动平

衡中。

机器人电动伺服驱动系统是利用各种电动机产生的力矩和力，直接或间接地驱动机器人本体以获得机器人的各种运动的执行机构，要求有较大功率质量比和扭矩惯量比、高起动转矩、低惯量和较宽广且平滑的调速范围。对关节驱动电机的主要要求：

1）快速性。

2）起动转矩惯量比大。

3）控制特性的连续性和直线性。

4）调速范围宽。

5）体积小、质量小、轴向尺寸短。

6）可进行十分频繁的正反向和加减速运行，并能在短时间内承受过载。

电动机驱动方式应用类型一般可分为直流伺服电动机驱动、交流伺服电动机驱动[16]、步进电动机驱动等。在机器人中，交流伺服电动机、直流伺服电动机、直接驱动电动机（DD）都采用闭环控制，常用于位置精度和速度要求高的机器人中。

目前，一般负载 1 000 N 以下的机器人大多采用电伺服驱动系统。所采用的关节驱动电动机主要是 AC 伺服电动机、步进电动机和 DC 伺服电动机。

交流伺服电动机由于采用电子换向，无换向火花，在易燃易爆环境中得到了广泛使用。步进电动机主要适于开环控制系统，一般用于位置和速度精度要求不高的环境。机器人关节驱动电动机的功率范围一般为 0.1～10 kW。

5.4　智能控制方法

在集成智能控制系统中，强化学习、迁移学习、模仿学习在提升机器人自主决策和行为适应能力方面发挥着关键作用。

强化学习是一种通过奖励或惩罚来引导智能体学习在环境中采取最佳行动的学习方法，在机器人智能控制系统中，强化学习可以帮助机器人以最优方式响应环境变化，以达到长期的任务目标。通过设定奖励函数，机器人可以学习完成特定任务的最佳策略，强化学习使机器人能够在不确定的环境中做出实时决策，不断调整行为以最大化累积奖励，通过不断的学习，机器人能适应环境变化，优化其行为策略。

迁移学习允许机器人将从一个任务或环境中学到的知识应用到另一个相关但不同的任务或环境中，从而加速学习过程，减少对大量新数据的需求。机器人在完成一项任务后学到的技能可以迁移到新的任务中，减少重复学习的时间和资源消耗。通过迁移学习，机器人能在不同的环境之间平滑过渡，在训练数据较少的任务场景中，迁移学习可以利用已有领域的丰富数据，提升新任务的学习效率。

模仿学习使机器人能够通过观察专家的行为来学习执行任务，进而复制这些行为。直接从人类专家的演示中学习复杂技能，无需频繁的试错过程，加快学习速度，比较适用于难以通过传统编程实现的自然流畅动作，如精细的手部操作，或非结构化环境中的导航。在需要与人类紧密协作的任务中，模仿学习帮助机器人学会符合人类习惯和期望的行为模式。

5.4.1　强化学习

强化学习使机器人能够在不断与环境交互的过程中学习最优的行为策略，提高机器人的自主性与适应性（图 5－12）。在底层控制任务中，强化学习可以用来优化控制算法，使机器人能够有效地稳定自身状态，追踪设定的目标轨迹，允许机器人不依赖精准的物理模型，通过试错学习来改进控制策略。在实时避障和轨迹跟踪场景中，强化学习作为决策引擎，基于激光雷达数据观察到的环境状态，使用观测空间数据处理方法（Observation Space Data Processing Method，OSDPM），将原始的、高维度的激光雷达数据转换成低维度的索引向量，降低计算复杂度，使得强化学习算法能够更高效地处理信息，快速将当前观测状态映射到 Q－table 的离散状态空间中，进而促进机器人学习在不同状态下采取多种行动，以最大化长期奖励，成功避开障碍并接近目标点，在未知和不断变化的环境中动态调整其行为[17]。

在复杂动作的学习中，强化学习使机器人能够学习执行复杂的动作序列，如四足机器人的动态行走、双足机器人的跳跃和抓取物体等。通过与环境的互动，机器人可以逐步优化其动作策略，实现更加流畅和高效的运动控制。在履带机器人爬楼梯任务中，通过履带接地压力分布和动力学参数优化，使用混合强化学习控制器，结合多种学习策略，处理楼梯尺寸范围广泛的问题，有效降低了不良轨迹影响，加速了学习过程，实现了高于随机训练的成功率，并更快收敛，显著增强了策略在不同环境下的泛化能力。使得机器人不仅能学习特定楼梯的攀爬策略，还能泛化到不同尺寸的楼梯，增强机器人的适应性[18]。深度强化学习可使机器人学习拆卸螺钉，首先构建一个解析模型，用于精确量化机器人螺丝刀与待拆卸螺钉之间的三维空间几何关系，通过引入 Markov 模型，捕捉了机器人在执行拆卸任务过程中的状态转移规律，包括机器人构型及其与螺钉相对位置相关的关键参数，有助于理解和预测不同操作步骤间的动态变化，为强化学习提供了一个状态空间框架。采用近端策略优化（PPO）算法[19]，在解析模型和 Markov 模型的框架内优化关键参数。PPO 通过平衡探索与利用，有效学习了在复杂动态环境下，调整机器人姿态以精确对准螺钉的最佳策略，同时避免了训练过程中的大幅度性能波动。

在不确定的环境条件下，如存在传感器噪声、外部干扰或环境变化时，强化学习可使机器人在运动过程中探索并学习，帮助机器人调整其行为策略以提高适应性和鲁棒性，对于实现真正的自主性，以及在复杂、动态环境中作业至关重要。在自主水面航行器（Autonomous Surface Vehicles，ASVs ）的水下对接中，通过强化学习，智能体被训练完成从初始位置到指定对接点的自主无碰撞导航，直接从环境反馈中学习策略，无需人工编写规则或轨迹规划，实现了更加灵活和适应性强的控制策略。为了促进学习探索，引入“违规行为”的概念，允许智能体在学习初期尝试一些超出安全界限的操作，帮助智能体更快地理会导致不良后果的行为，从而加速学习过程中的策略收敛。通过改进 Actor – Critic 框架，学习平衡探索最优策略与执行已知的有利行为，在动态环境中迅速做出准确决策，以实现安全的对接[20]。

5.4.2 迁移学习

迁移学习允许机器人利用从以往任务或环境中获得的知识来加速新任务的

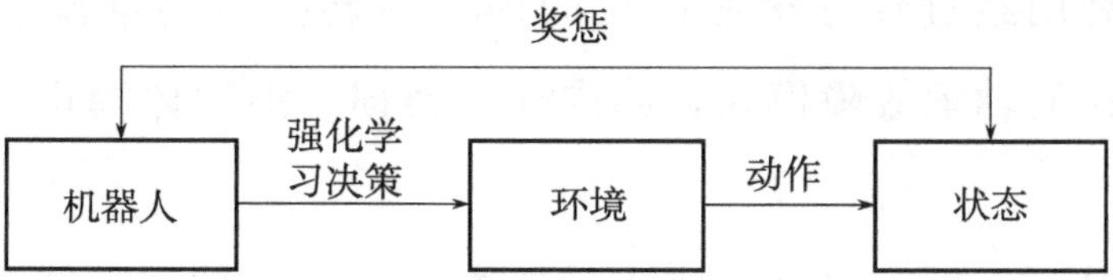

图 5 - 12　机器人强化学习路径

学习过程，减少对大量新数据的需求，并提升学习效率和性能（见图 5 - 13）。当机器人面临新的任务时，可以利用在类似任务上学到的模型参数或策略作为起点。如果一个机器人已经学会了如何抓取特定形状的物体，那么这些学习成果可以被迁移用来更快地学会抓取其他形状的物体，迁移学习减少了对每个新任务从头开始训练的需要。

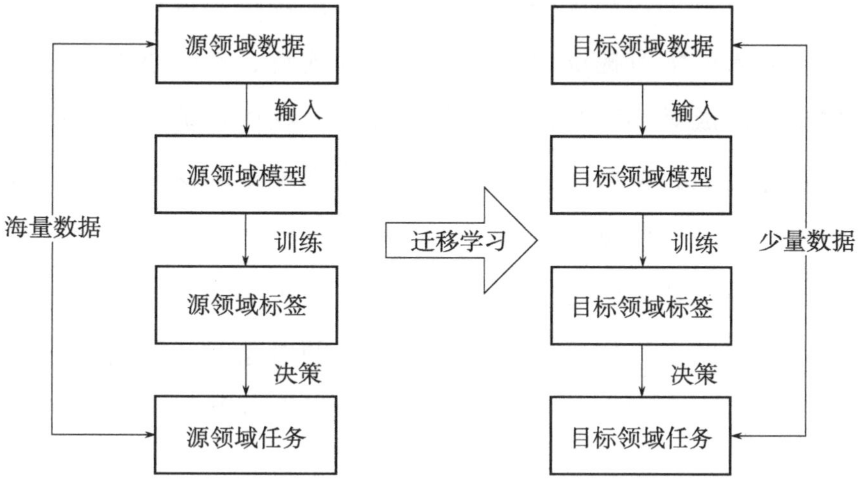

图 5 - 13　迁移学习

在工业机器人的伺服电动机轴承故障检测场景中，迁移学习可以提高机器人学习的效率和精度。首先将伺服电动机的电流信号转换成标量图图像，利用图像处理和计算机视觉技术，为后续的机器学习模型提供更直观且易于分析的数据形式。采用已有的在电动机故障诊断、机械设备健康监测等相关领域预训练的深度学习模型，而不是从零开始训练，利用了迁移学习复用先前学习到的特征表示。通过对预训练模型进行微调，使模型适应新的应用场景，仅使用少量标注的故障样本即可大幅提高模型在目标任务上的表现，减少了对大量标注数据的依赖。利用经过迁移学习优化的模型对转换后的电流信号图像进行分析，识别出潜在的轴承故障模式，如内外圈磨损、滚动体损伤等，快速进行学习和识别[21]。

在很多情况下，出于安全和成本的考虑，机器人最初会在高度仿真的环境中进行训练。然而，仿真环境与真实世界之间存在差异，导致仿真中学到的策略可能在现实中不适用。迁移学习可以用来缩小这一差距，通过调整仿真中学习到的模型，使其适应真实世界的物理法则和不确定性。

在多轴孔装配问题中，机器人需要处理不可预测的对象位置、形状变化及物理交互的多样性。此外，相较于单钉孔装配，多钉孔装配要求机器人具备更高程度的灵活性和精准度，同时要解决更复杂的几何和物理约束问题。利用 Industrial Metaverse 创建高度仿真的多钉孔装配环境，模拟各种复杂场景和物理特性，为机器人的学习提供训练场景，结合视觉、本体感觉、力和扭矩等多种传感器数据，形成对环境和任务的全面理解。在仿真训练阶段引入域随机化技术，模拟各种光照、材质、视角等变化，增强模型的泛化能力，减少模拟与现实之间的差距。将在仿真中训练好的策略迁移到真实机器人上，无需额外的真实世界探索，通过迁移学习缩短学习周期，减少实际测试中的试错成本[22]。

机器人在不同的工作环境或面对不同类型的对象时，需要快速适应。迁移学习可以帮助机器人利用在某一领域或环境中学到的知识，快速适应新的领域或环境。比如，扫地机器人在家庭环境中学会了避障，这些技能可以部分迁移至商业场所，只需微调以适应新环境的具体特征。

在复杂的机器人控制任务中，强化学习通常用于学习最优策略，但往往需要大量的交互尝试。结合迁移学习，可以在已有策略的基础上进行优化，而不是每次都从零开始，不仅加速了学习过程，还提高了学习的稳定性和最终性能。

5.4.3 迭代迁移学习

迭代迁移学习允许模型在一系列任务或环境中迭代地学习和适应，逐步积累和传递知识。在机器人智能控制系统中，迭代迁移学习具有独特的优势，尤其适合解决复杂任务、跨平台适应性及持续学习等方面的问题。

在机器人需要执行多种任务的场景中，迭代迁移学习可以使得机器人从已完成任务中学到的知识和技能迁移到新的任务上。通过迭代过程，机器人在每次执行新任务时都能利用先前任务的经验，仅需少量针对新任务的微调即可快速适应。例如，从简单的物体抓取任务中学到的控制策略，可以逐步调整用于更复杂的装配作业。

在动态变化的环境中，机器人需要不断地学习和适应新情况。迭代迁移学习允许机器人在运行中学习，每次遇到新情况或环境变化时，都可以基于历史知识进行快速调整。例如，在长时间的自主巡逻任务中，机器人可以学习并适应环境中的季节变化、新障碍物出现等，保持其行为的有效性。

在移动机器人集群场景下，需要机器人协调行动，共同完成复杂任务，如环境探索、搜索与救援、群体覆盖等。由于个体学习方式难以直接扩展到群体层面，且每个机器人单独学习所需的数据量庞大，不同机器人平台间的动力学特性、传感器配置等硬件差异，增加了集体行为一致性的难度。迁移学习通过初始知识构建，使用深度学习模型作为迁移学习器的基础，选取几个代表性的机器人，基于少量数据学习基本的集体运动模式，通过机器人在随机、简单指令下的行为，快速收集初始训练数据。迁移学习器利用从初始平台获得的知识，仅需少量新平台的初始数据即可开始调整模型，适应新平台的动力学特性和环境条件。在每个机器人中，通过迭代方法不断微调模型，每次迭代后模型的知识库得到更新，逐渐积累起跨越不同平台的广泛经验，从而提高模型的泛化能力和适应性。通过不断迭代，机器人能够快速而准确地调整集体行为，实现稳定、高效的集群运动[23]。

5.4.4 模仿学习

模仿学习使机器人能够通过观察和学习专家的行为或决策过程，来获取执行特定任务的能力，将复杂的任务执行逻辑从演示中提取出来，并转换为机器人可执行的控制策略（见图 5－14）。

模仿学习不仅仅局限于一对一的动作复制，还致力于学习技能的核心特征，使得机器人能够在不同情境下泛化这些技能。例如，通过观察一次堆叠三个积木的动作，机器人能够推导出如何堆叠不同数量和形状的积木。在 One - Shot 模仿学习中，机器人仅需经过一次演示就能学习到新技能，大大提高了学习效率和适应性。

直接模仿学习直接从演示数据中学习一个策略，即给定当前状态，预测应该采取的动作。这通常通过行为克隆（Behavior Cloning）实现，利用监督学习训练一个模型来复制专家的行为。逆向强化学习尝试从演示中推断出潜在的奖励函数，利用该奖励函数通过强化学习框架来学习一个策略，能够有效处理更复杂的情况，允许机器人在没有明确指导的情况下做出决策。

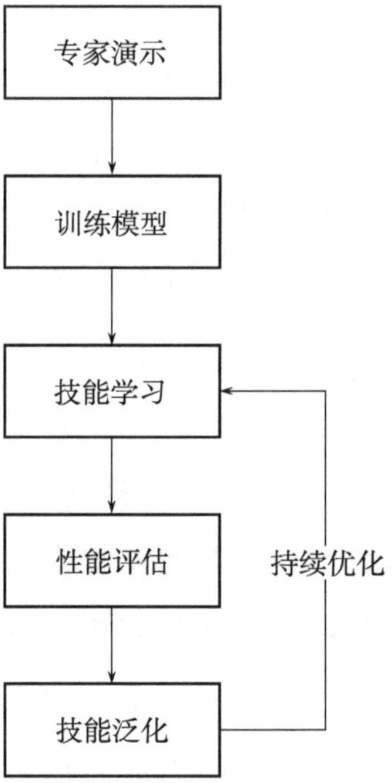

图 5 - 14　机器人模仿学习流程

在建筑工地场景中，模仿学习可帮助机器人集群学习施工。使用生成对抗性模仿学习（GAIL），机器人能够在不明确指定奖励函数的情况下，学习专家的行为模式，在不断变化的施工现场环境中自主调整策略，如绕过障碍物、适应地形变化或应对突发状况。结合虚拟现实（VR）构建 VR - GAIL 模型，专家可以在模拟环境中快速、安全地演示复杂操作，再由机器人通过专家演示直接学习目标行为，提升了机器人在复杂、动态的环境中执行任务的能力[24]。

在工地重复、危险操作的机器人训练中，使用模仿学习方法，通过构建一个联合的演示数据库，包含可以跨任务共享的子技能集合的多种任务的演示实例，提高数据的复用性，减少了对新任务从零开始演示的需求，加快机器人的学习过程。通过 HIL 模型，将复杂的建筑任务分解成定位、抓取、放置物体等序列化的子技能和避障、适应环境变化等反应性子技能，使得学习过程更加模块化，每项子技能可以独立学习和优化，再组合起来形成完整的任务执行策略。利用深度学习技术，捕捉并生成适应性动作控制策略，基于学到的人类行为模式，为机器人生成合适的动作序列，增强其在非结构化环境中的灵活性和适应性[25]。

5.5　生物启发设计

生物启发的机器人技术是一种模仿自然界中生物结构和功能的机器人技术。生物体拥有复杂而高效的结构和技能，这些结构和技能已经演化出来数百万年，具有巨大的适应性和可靠性。通过仿生学原理[26]，机器人工程师可以借鉴生物体的结构和技能，开发出具有高效性、可持续性和稳定性的机器人。本节将从机器人骨骼结构、机器人感知系统、机器人移动系统和机器人智能控制系统四个方面论述生物启发的机器人技术的最新研究进展。

（1）机器人骨骼结构

机器人的骨骼结构是机器人的基础骨干。与人体的骨骼结构相似，机器人骨骼结构可以为机器人提供支撑、自由运动和抗冲击的能力。生物启发的机器人骨骼结构采用高强度、轻质、具有自修复能力的材料，如纤维增强聚合物、碳纤维和金属合金。同时，机器人骨骼结构的设计和制造也借鉴了生物体的结构和制造技术[27]。例如，机器人的骨骼结构可以采用自然界中的支柱、叉骨、空心结构和蜂窝结构等自然形态。通过这样的仿生学原理机器人的骨骼结构能够适应各种复杂环境，具有更好的灵活性和可塑性。

（2）机器人感知系统

机器人的感知系统是机器人的视觉、听觉、触觉和嗅觉等感知器官。通过感知系统，机器人可以对周围环境进行有效的感知和识别，从而实现自主控制和智能交互。生物启发的机器人感知系统采用传感器和计算技术，以类似于生物体的感知方式和特征识别方法来对环境进行感知和识别。例如，机器人的视觉系统可以采用人眼的感知原理，利用复合眼和球形眼镜镜头等形状和特征，实现对周围环境的远近判断、颜色、形状和运动方向等特征的感知和识别。此外，机器人的触觉系统和听觉系统也可以采用类似的生物启发方式，实现对触感、声音、声场和声波等信息的感知和处理。

（3）机器人移动系统

机器人的移动系统是机器人的移动驱动和控制系统。通过移动系统，机器人可以完成各种复杂的移动任务，如行走、爬行、爬升、跳跃、悬挂、游泳和飞行等。生物启发的机器人移动系统采用飞翔动物、水生动物、地上动物和植物等自然生物的移动方式和动作特征，实现对机器人移动方式和动作特征的仿真。例如，机器人的飞行系统可以采用鸟类或昆虫的飞行方式，利用翼或薄膜等机构，以及合适的翼型、振荡频率、起飞和降落的姿态等特征，实现对飞行机器人的设计和制造。在水生机器人方面，生物启发的机器人移动系统可以以鱼类、鳄鱼和水母等水生生物的游动方式和流体力学原理为基础[28]，实现对自由游泳机器人和水下探测机器人的设计和制造。

（4）机器人智能控制系统

机器人的智能控制系统是机器人的智能决策和控制核心。通过智能控制系统，机器人可以对环境进行有效的感知和分析，从而实现自主决策和控制。生物启发的机器人智能控制系统采用人工智能技术[29]、进化算法和神经网络等智能计算技术，以类似于生物体的智能决策方式和学习机制来实现机器人的智能行为和控制。例如，机器人的路径规划可以采用适应性计算方法和神经网络预测算法，以实现对环境和任务的适应和优化。此外，机器人的智能控制系统还可以实现对环境和机器人故障的诊断和处理，从而更好地保证机器人的稳定性和可靠性。

参考文献

［1］ 黄少罗，张建新，卜昭锋．机器视觉技术军事应用文献综述［J］．兵工自动化，2019，38（2）：16－20.

［2］ 白雄文，王红艳，孙宇，等．基于人工智能的自然语言处理技术分析［J］．电子技术，2021（1）：176－177.

［3］ 周鼎凯，张枫林，丁治国，等．自然语言处理技术在博物馆领域的应用前景研究：以 ChatGPT 为例［J］．科学教育与博物馆，2023，9（3）：39－48.

［4］ 刘鹏．人工智能辅助裁判理论思考与路径选择：以自然语言处理为例［J］．法治论坛，2019（1）：108－122.

［5］ 马郅斌．自然语言处理中的深度学习：方法及应用［J］．科技传播，2020，12（21）：128－130.

［6］ 熊鹏文，尹一凡，童小宝，等．基于新型多模态触觉传感器的机器人交互物体分类［J］．测控技术，2023，42（4）：82－87.

［7］ LAMPERT C H，NICKISCH H，HARMELING S，et al. Learning to detect unseen object classes by between－class attribute transfer［C］//Proceedings of IEEE Conference on Computer Vision and Pattern Recognition，2009：951－958.

［8］ ELHOSEINY M，SALEH B，ELGAMMAL A，et al. Write a classifier：Zero－shot learning using purely textual descriptions［C］//Proceedings of the IEEE International Conference on Computer Vision，2013：2584－2591.

［9］ CHU V，et al. Robotic learning of haptic adjectives through physical interaction［J］．Robotics & Autonomous Systems，2015，63（3）：279－292.

［10］ 部若谷．多机器人系统通信模块的设计与实现［D］．上海：上海交通大学，2012.

［11］ CAMAZINE S，DENEUBOURG J L，FRANKS N R，et al. Self－Organization in Biological Systems［M］．Princeton Princeton University Press，2001.

［12］ SUMPTER D J T. Collective Animal Behavior［M］．Princeton：Princeton University Press，2010.

[13] BONABEAU E, DORIGO M, THERAULAZ G. Swarm Intelligence: From Natural to Artificial Systems [M]. New York: Oxford University Press, 1999.

[14] DORIGO M, BIRATTARI M. Swarm intelligence [J]. Scholarpedia, 2007, 2 (9): 1462.

[15] 杜佳亮，韩飞，刘冉，等. 智能无障碍轮椅升降平台驱动系统设计 [J]. 现代电子技术，2023，46 (8)：169 - 175.

[16] 杨峰. 电动汽车的电机驱动技术及其发展 [J]. 机械与电子控制工程，2023，5 (10)：64 - 66.

[17] XIAO H, CHEN C, ZHANG G, et al. Reinforcement learning - driven dynamic obstacle avoidance for mobile robot trajectory tracking [J]. Knowledge - Based Systems, 2024: 111974.

[18] ZHANG S, WANG J, WANG E, et al. An autonomous stair climbing method for the crawler robot based on a hybrid reinforcement learning controller [J]. Neurocomputing, 2024 (593): 127802.

[19] PENG Y, LI W, LIANG Y, et al. Robotic disassembly of screws for end - of - life product remanufacturing enabled by deep reinforcement learning [J]. Journal of Cleaner Production, 2024 (439): 140863.

[20] PEREIRA M I, PINTO A M. Reinforcement learning based robot navigation using illegal actions for autonomous docking of surface vehicles in unknown environments [J]. Engineering Applications of Artificial Intelligence, 2024 (133): 108506.

[21] KUMAR P, RAOUF I, KIM H S. Transfer learning for servomotor bearing fault detection in the industrial robot [J]. Advances in Engineering Software, 2024 (194): 103672.

[22] CHEN W, ZENG C, LIANG H, et al. Multimodality Driven Impedance - Based Sim2Real Transfer Learning for Robotic Multiple Peg - in - Hole Assembly [J]. IEEE Transactions on Cybernetics, 2023.

[23] ABPEIKAR S, KASMARIK K, GARRATT M. Iterative transfer learning for automatic collective motion tuning on multiple robot platforms [J]. Frontiers in Neurorobotics, 2023 (17): 1113991.

[24] LI R, ZOU Z. Enhancing construction robot learning for collaborative and long -

horizon tasks using generative adversarial imitation learning [J]. Advanced Engineering Informatics, 2023 (58): 102140.

[25] YU H, KAMAT V R, MENASSA C C. Cloud - Based Hierarchical Imitation Learning for Scalable Transfer of Construction Skills from Human Workers to Assisting Robots [J]. Journal of Computing in Civil Engineering, 2024, 38 (4): 04024019.

[26] 张治文，司婉婉，徐志威，等．基于启发式算法的生物机器人成本优化问题 [J]. 运筹与模糊学，2023，13 (2)：799 - 809.

[27] 刘金存，任崟杰，徐战，等．从自然灵感角度出发的群体智能集群机器人系统研究综述 [J]. 信息与控制，2024，53 (2)：154 - 181.

[28] 张军豪，陈英龙，杨昕宇，等．刚柔耦合水下蛇形机器人的建模与控制仿真 [J]. 工程科学学报，2023，45 (12)：2095 - 2107.

[29] EDAN Y, ENGEL B A, MILES G E. Intelligent control system simulation of an agricultural robot [J]. Journal of Intelligent and Robotic Systems, 1993 (8): 267 - 284.

第 6 章　机器人生态圈的群体演化

在机器人生态圈中，群体智能的引入对于应对复杂和动态的环境挑战具有不可替代的作用。首先，群体智能显著增强了机器人的适应性，使其能够在自然灾害、工业事故或未知领域的探索任务中迅速调整策略，有效应对环境变化。其次，群体智能通过冗余设计和分布式控制机制，确保了机器人群体在个体出现故障时的稳定性和持续运作能力，从而提升了系统的鲁棒性。再者，群体智能赋予了机器人群体高度的灵活性，能够根据任务需求快速调整其行为模式和结构配置，实现任务的快速响应与高效执行。此外，通过分工合作与资源优化分配，群体智能还显著提高了任务执行的效率，降低了能耗与成本。最后，群体智能促进了新策略和解决方案的产生，推动了机器人技术的创新发展，解决了传统单个机器人难以应对的难题。

群体智能在机器人生态圈中扮演着至关重要的角色。其重要性不仅体现在提升机器人的适应性、鲁棒性、灵活性和效率等方面，还体现在推动了机器人技术的持续创新与发展。随着研究的深入和应用领域的不断拓展，我们有理由相信群体智能将在解决现实世界问题中发挥更加重要的作用。本章旨在探讨群体智能在机器人生态圈中的重要性、具体体现方式及发展趋势，以期为相关领域的研究与应用提供参考。

6.1　群体智能的起源

群体智能（Swarm Intelligence）于 1989 年由加利福尼亚大学的 BENI 和 WANG 首次提出，并应用于细胞机器人的研究中[1]。群体智能主要借鉴生物智能的理论与方法进而研究群体行为与控制。群体智能自诞生以来，已成为人工智能及社会、经济、生物等交叉学科的热点和前沿领域。由单个复杂个体完成的任务可由大量简单的个体组成的群体合作完成，而后者往往具有更好的健壮性、灵活性和经济优势。群体智能利用群体优势，在没有集中控制且不提供全局模型的情况下，为寻找复杂问题的解决方案提供了新的思路[2]。

群体智能的研究早已存在，到目前为止也取得了许多重要成果。国际上，从 1998 年开始，DORIGO 等学者组织了两年一次的关于蚁群算法和群体智能的国际会议，并在 1999 年国际计算进化大会上召开了蚁群算法专题会议。2000 年 3 月和 7 月，国际权威刊物 *Scientific American* 和 *Nature* 杂志分别刊登了关于蚁群算法和群体智能的相关文章[3]。在国内，2001 年北京召开了第六届全国人工智能联合会议，戴汝为院士做了题为《群体智能的研究进展》的大会特邀报告。这些都标志着"群体智能"作为一个新的研究方向正在多学科前沿交叉领域中蓬勃发展，并逐渐在物理、电子、通信、控制等多学科中交叉融合和应用[4]。群体智能具有以下特点和优点。

群体智能的特点主要包括：1）灵活性，群体可以适应随时变化的系统或网络环境；2）自组织性，群体表现出来的复杂行为通过简单个体的交互表现出高度的智能；3）稳健性，不存在中心控制，即使个体出现故障，不影响整个群体完成任务的能力。

群体智能的优点主要包括：1）简单性，系统中个体的能力十分简单，个体只能感知局部信息，群体智能的实现简单、方便；2）分布性，群体中相互作用的个体是分布式的，更能适应当前网络环境下的工作状态；3）可扩充性，可通过个体之间的间接通信进行合作，易于扩充且用于通信的开销较少。

6.2　群体智能优化算法及分类

群体智能算法起源于对蚂蚁、蜜蜂等社会性昆虫群体行为的研究，最初出现在细胞机器人的研究中，其不通过全局控制，个体有一定的自组织性和自适应性，以达到实现整体控制的效果。现有对群体智能的研究主要从某一种由大量个体表现出来的群体行为出发，从它们的群体行为中提取模型，并为这些行为制定一些规则，从而提出群体智能算法。群体智能优化算法的理论研究主要研究算法的特性，发现不足并加以改进，以提高其性能。其中包含两方面的研究：一是从群体智能算法的自身特性进行研究，改进其性能。二是将群体智能算法之间或与其他算法进行结合，通过算法之间的融合对算法加以改进，产生新的混合智能算法。

目前国内外研究比较成熟的算法主要包括蚁群算法 ACO（Ant Colony Optimization）、粒子群优化算法 PSO（Particle Swarm Optimization）、鱼群算法 AFA（Artificial Fish Algorithm）、菌群优化算法 BFO（Bacterial Foraging Optimization）、蛙跳算法 SFLA（Shuffled Frog Leaping Algorithm）、人工鱼群算法（Artificial Fish Swarm Algorithm，AFSA）等。

6.2.1 蚁群算法（ACO）

蚁群算法（ACO），又称蚂蚁算法，由 DORIGO 博士在 1992 年首次提出，受到蚂蚁觅食过程中如何确定觅食路径的启发，进而提出了其基本原理和数学模型，用于求解特定环境中最优路径的算法，并将该算法应用于旅行商问题的求解[5]。蚁群算法是一种进化算法，其通过反馈、协作来快速搜寻出最优路径，其主要优点包括：1）基于种群进化算法的特性，使其具有并行计算的特性，易于实现并行处理和优化计算。2）与其他启发式进化算法相比，求解时具有很强的鲁棒性和获取较优解的能力。3）易于与其他启发式优化算法结合，进一步提高其运算的效能。目前，蚁群算法已被应用于二次规划问题、函数优化、网络路由优化、机器人路径规划、数据挖掘、作业流程规划等领域[6]。

蚂蚁是一种群体生活、共同觅食的社会性生物。在觅食过程中，每只蚂蚁单独行动，蚂蚁之间通过释放信息素对觅食的轨迹进行“标记”，当某一条轨迹发现食物时，则其他蚂蚁就会向这条道路进行聚集，这条道路上的信息素也随之增多。蚂蚁在觅食的过程中，如果发现不同的路径有近有远，则蚂蚁会选择最近的路径进行觅食，并通过路径上信息素量的大小通知给其他蚂蚁[7]。蚁群算法的基本原理如下。

假设蚂蚁个体之间通过特有的信息素与环境信息进行通信，各个蚂蚁对于信息的响应由其内部模式决定，且各个蚂蚁为相互独立的个体，而蚁群却呈现出一种随机性。蚁群首先经过搜索来适应，然后通过越来越多的信息素实现个体之间的相互协作，进而使蚁群能够实现从无序到有序的智能调整，最终得到最优路径并完成搜索任务。具体的路径边概率选择公式为

$$P_{i,j}^{l}(t)=\begin{cases}\dfrac{[\tau_{i,j}(t)]^{\alpha}\times[\eta_{i,j}(t)]^{\beta}}{\sum\limits_{t\in\phi_l}[\tau_{i,j}(t)]^{\alpha}\times[\eta_{i,j}(t)]^{\beta}} & (l\in\phi_l)\\ 0 & 其他\end{cases}\tag{6-1}$$

其中，t，i，j，l 分别代表当前迭代次数、当前蚂蚁所在节点位置、下一个将要访问的节点位置和当前移动的蚂蚁索引。$\tau_{i,j}$ 是信息素浓度大小；$\eta_{i,j}$ 是启发式信息；α，β 分别是信息素和启发式信息的权重因子；ϕ_l 是当前第 l 只蚂蚁尚未访问的节点集合；$P_{i,j}^{l}(t)$ 是第 l 只蚂蚁在第 t 次迭代时第 i 个节点上访问下一个节点 j 的概率大小。此外，信息素的更新规则为

$$\boldsymbol{\tau}_{i,j}^{l}(t+1)=(1-\rho)\times\boldsymbol{\tau}_{i,j}^{l}(t)+\Delta\boldsymbol{\tau}_{i,j}^{\text{best}}(t)\tag{6-2}$$

下一次迭代中信息素的取值大小主要由两部分构成，一个是由蒸发因子 ρ 控制的剩余信息素浓度大小，ρ 的取值为 $[0, 1]$ ，另一个为当前迭代时信息素浓度的增量 $\Delta\boldsymbol{\tau}_{i,j}^{\text{best}}$ ，它的大小由当前进化过程中最优路径来决定，具体计算公式为

$$\Delta\boldsymbol{\tau}_{i,j}^{\text{best}}(t)=\begin{cases}\dfrac{Q}{\text{Distance}(s(t))} & (<i,j>\in s(t))\\ 0 & 其他\end{cases}\tag{6-3}$$

$s(t)$ 是第 t 次迭代时的最优路径，通常被认为是当前迭代的最优值。Distance() 是专门用来描述两个节点间成本代价的计算函数。$<i, j>$ 是节点与节点之间形成的路径边。

在蚁群优化算法中，有三种经典的信息素增量更新方式，即蚁量模型[8]、蚁密模型[9] 和蚁周模型[10]，它们的主要区别在于信息素增量的更新时间、更新方式及计算方式不同，主要区别如下所述。

1）在蚁量模型中，增量一般设置为 Q ，它是一个常量，在开始时就被初始化完成，其信息素更新方式通常发生在每一只蚂蚁遍历完路径之后，故被认为是一种局部更新方式。

2）在蚁密模型中，增量是由 $Q/d_{i,j}$ 进行计算得出，Q 是初始化信息素浓

度时的取值，$d_{i,j}$ 表示节点 i 和节点 j 之间的距离，其信息素更新方式与蚁量模型一致，故也是一种局部更新方式。

3）在蚁周模型中，增量通过 Q/L_k 进行计算得出，Q 是初始化信息素浓度时的取值，L_k 是当前第 k 只蚂蚁遍历路径的长度，其信息素更新方式一般发生在所有蚂蚁遍历全部路径之后，故其被认为是一种全局更新方式。

目前，三种信息素更新方式已得到该领域内无数学者的检验和认可，对比于蚁量模型和蚁密模型，蚁周模型信息素的更新方式更倾向于全局搜索，并表现出出色性能，但同样面临着易快速收敛和易陷入局部最优值的问题。因此，如何探索算法更多可行解的同时保留解集的高精度是亟须解决的问题[11]。

6.2.2 粒子群优化算法（PSO）

粒子群优化算法（PSO）是由 James Kennedy 博士和 R. C. Eberhart 博士于 1995 年提出的[12]。PSO 源于对鸟群捕食行为的研究，假设一群鸟正在搜寻食物，如果搜索区域内只有一块食物，且食物位置是未知的，单个鸟只知道自身所在位置及其与食物之间的距离，则找到食物最有效的方法是寻找目前离食物最近的鸟的周围区域。PSO 正是从这种搜索策略中获得启发，并将其应用于优化问题的求解。

PSO 在求解优化问题时，问题的解空间都可以作为 PSO 算法中的一只鸟，即“粒子”。每个粒子都有一个由被优化函数计算出的适应度值，同时每个粒子还具有一个决定粒子运动速度和方向的速度值。根据所有粒子适应度值的大小，找出当前最优的粒子，则其他粒子进入该粒子的解空间做进一步的搜索。PSO 算法中，首先随机生成一定个数的粒子群随机解，通过若干次迭代后即可获得最终的最优解。在每一次迭代中，粒子通过跟踪两个“极值”来更新自己的位置：一是粒子自身在寻解过程中所得到的最优解，称为个体极值点（用 pbest 表示其位置）；二是粒子群目前找到的最优解，称为全局极值点（用 gbest 表示其位置）。在找到两个极值点后，粒子通过式（6－4）和式（6－5）来更新自己的速度和位置。粒子 i 的信息可以用 D 维向量表示，位置表示为 $\boldsymbol{X}_i=(x_{i1}, x_{i2}, x_{i3}, \cdots, x_{iD})^{\mathrm{T}}$，速度为 $V_i=(v_{i1}, v_{i2}, v_{i3}, \cdots, v_{iD})^{\mathrm{T}}$，

其他向量类似，则速度和位置更新方程为

$$\boldsymbol{v}_{id}^{k+1}=\boldsymbol{v}_{id}^{k}+\boldsymbol{c}_1\mathrm{rand}_1^k(\mathrm{pbest}_{id}^k-\boldsymbol{x}_{id}^k)+\boldsymbol{c}_2\mathrm{rand}_2^k(\mathrm{gbest}_d^k-\boldsymbol{x}_{id}^k) \tag{6-4}$$

$$\boldsymbol{x}_{id}^{k+1}=\boldsymbol{x}_{id}^{k}+\boldsymbol{v}_{id}^{k+1} \tag{6-5}$$

其中，$\boldsymbol{v}_{id}^k$ 是粒子 i 在第 k 次迭代中的第 d 维的速度；$\boldsymbol{c}_1$，$\boldsymbol{c}_2$ 为加速系数（或称学习因子），合适的 $\boldsymbol{c}_1$，$\boldsymbol{c}_2$ 可以加快收敛速度且不易陷入局部最优，通常令 $\boldsymbol{c}_1=\boldsymbol{c}_2=2$；$\mathrm{rand}_{1,2}$ 是 [0，1] 之间的随机数；$\boldsymbol{x}_{id}^k$ 是粒子 i 在第 k 次迭代中第 d 维的当前位置；pbest_{id} 是粒子 i 在第 d 维的个体极值点位置；gbest_d 是整个粒子群在第 d 维的全局极值点位置；为了防止粒子远离搜索空间，粒子的每一维速度 v_d 都会被限制在 $[-\boldsymbol{v}_{d\max},+\boldsymbol{v}_{d\max}]$ 之间，$\boldsymbol{v}_{d\max}$ 太大，粒子将飞离最好解，太小则会陷入局部最优解。

PSO 的基本流程可以描述为：1）初始化，初始搜索点的位置 $\boldsymbol{x}_i^0$ 及其速度 $\boldsymbol{v}_i^0$ 通常是在允许的范围内随机产生的，每个粒子的 pbest 坐标设置为其当前位置，且计算出其相应的个体极值（即个体极值点适应度值），而全局极值（即全局极值点的适应度值）就是最优的个体极值，记录该最优值的粒子序号，并将 gbest 设置为该最好粒子的当前位置；2）评价每一个粒子，计算粒子的适应度值，如果好于该粒子当前的个体极值，则将 pbest 设置为该粒子的位置，且更新个体极值，如果所有粒子的个体极值中最好的优于当前的全局极值，则将 gbest 设置为该粒子的位置，记录该粒子的序号，且更新全局极值；3）粒子的更新，用式（6－4）和式（6－5）对每一个粒子的速度和位置进行更新；4）检验是否符合结束条件，如果当前的迭代次数达到了预先设定的最大次数或达到最小错误要求，则停止迭代，输出最优解，否则转到 2）。

PSO 具有简单易用、并行处理、速度快、鲁棒性好等优势，且其运算效率也相对较高。此外，该算法在计算机仿真实验中易于编程实现，收敛速度快且具有一定的智能性，这大大扩展了 PSO 的应用范围，使得该算法既能满足科学研究的需要，又可以应用于实际的工程应用中。目前，PSO 已广泛应用于函数优化、神经网络、智能分类、信号处理、机器人控制等众多领域并取得了优异的成果。

6.2.3　菌群优化算法（BFO）

大肠杆菌（E. coli）是生活在人体大肠内的一种细菌，而大肠内的生存环境实际上是一种溶液环境，溶液环境中有大肠杆菌生存所需要的各种营养物质。大肠杆菌个体之间有特殊的通信机制，即大肠杆菌通过向自己周围释放一种化学引诱剂，来通知同伴在环境中的营养物质分布情况，进而实现通信的目的。引诱剂的释放范围是以细菌为中心的一个区域，引诱剂浓度随着离开细菌中心距离的增大而减小。引诱剂可分为两种，一种是具有吸引作用的信息，另一种是具有排斥作用的信息，且前者作用范围远大于后者。因此，细菌间这种通信机制被称为引力/斥力机制。具有吸引作用的引诱剂浓度越高，表示该位置处的营养物质越多，细菌群体则朝着该位置处运动。对于大肠杆菌而言，引诱剂浓度信息就是细菌群体之间相互通信的桥梁，细菌通过接收来自其他细菌的化学信息，进而进行判断，改变自己的运动趋势，从而完成觅食行为[13]。

2002 年 PASSINO 教授提出一种新型生物智能优化算法——菌群优化算法（BFO），该算法主要受大肠杆菌觅食现象的启发，在生物学家 H. Berg 等人提出的大肠杆菌生物模型的基础上发展而来[14]。同遗传算法相似，BFO 也是通过个体之间的协作与竞争实现全局搜索，首先，细菌群体初始化为一组随机解，每个细菌对应一个定义域内的可行解，然后通过细菌在定义域空间中的趋药性行为完成寻优。其中，细菌间通过聚集作用实现群体通信，通过繁殖保留优秀的个体，淘汰较差的个体，采用群体迁徙机制有效避免寻优陷于早熟收敛[15]。

（1）趋药性行为

大肠杆菌趋药性行为有两个基本动作：前进和翻转。前进是沿与上一步相同的方向运动，而翻转则是取一个新的方向进行运动。细菌的趋药性行为就是对这两种基本动作的模拟，其运动方式如下：朝某一随机方向前进一步，若此位置上的适应值优于原位置，则一直在该方向上执行前进动作；若此方向的适应值不再优于上一步所处位置的适应值，则执行翻转动作，朝另一个随机方向运动。如果达到最大尝试次数，则终止该细菌的趋药性行为，跳转到下一个细菌执行趋药性行为。

趋药性行为的具体流程如下所述。

1）假设细菌的种群规模为 N，菌群算法所优化问题的维度为 v。假定细菌群体中第 i 个细菌所处的位置为 $\boldsymbol{X}_i=(\boldsymbol{x}_1, \boldsymbol{x}_2, \cdots, \boldsymbol{x}_v)$，细菌所处位置 $\boldsymbol{X}$ 处的食物浓度表示为 $J(\boldsymbol{X})$，并令 $J_{\text{last}}=J(\boldsymbol{X})$，把它记为细菌 i 的历史最优值。

2）随后产生一个随机方向向量，并将之单位化，记为 $\boldsymbol{\Delta}$，同时产生一个步数的计时器 t，并令 $t=0$，用来保存在此随机方向上走过的步数，在此方向上迈出一步，计数器 t 加 1，步长记为 step，细菌的新位置记为 $\boldsymbol{X}_{\text{next}}$。新位置的计算公式为

$$\boldsymbol{X}_{\text{next}}=\boldsymbol{X}+\text{step}\cdot\boldsymbol{\Delta} \tag{6-6}$$

3）计算 $\boldsymbol{X}_{\text{next}}$ 位置上的适应度函数值 $J_{\text{next}}=f(\boldsymbol{X}_{\text{next}})$，若 J_{next} 优于 J_{last}，则表明在此随机方向上的前进运动是正确的，令 $J_{\text{last}}=J_{\text{next}}$，然后继续在此随机方向上不断前进，按式（6－6）不断更新坐标，直至 J_{next} 不再优于 J_{last} 或者在此随机方向上达到最大试探次数。

对于整个细菌群体而言，每个细菌都拥有在一次趋药性行为中来更新自己位置信息的最大尝试次数，若达到规定的最大尝试次数，则跳转到下一个细菌，对下一个细菌进行趋药性行为。依此类推，待所有细菌都执行了一轮趋药性行为之后，则开始第二轮的趋药性行为，由于第二轮趋药性行为会产生新的随机方向，从而在新的方向上执行前进动作，间接地实现了翻转动作。

（2）聚集行为

在菌群寻找食物时，细菌个体之间通过相互作用进而实现群体间的聚集行为。在趋药性循环中引入聚集行为之后，第 i 个细菌的适应度值的计算公式为

$$J(\boldsymbol{X}_i)=J(\boldsymbol{X}_i)+J_{cc}(\boldsymbol{X}_i) \tag{6-7}$$

对于最小值问题，设第 i 个细菌的位置信息由向量 $\boldsymbol{X}_i=(\boldsymbol{x}_1, \boldsymbol{x}_2, \cdots, \boldsymbol{x}_v)$ 表示，则整个细菌群体对它所处位置施加的聚集作用的表达式为

$$J_{cc}(\boldsymbol{X}_i)=\sum_{i=1}^{N}\boldsymbol{J}_{cc}^{i}=\sum_{i=1}^{N}\boldsymbol{J}_{\text{attract}}^{i}+\sum_{i=1}^{N}\boldsymbol{J}_{\text{repellant}}^{i} \tag{6-8}$$

$$\sum_{i=1}^{N} \boldsymbol{J}_{\text{attract}}^{i} = \sum_{i=1}^{N} \left[-d_{\text{attract}} \exp\left(-w_{\text{attract}} \sum_{m=1}^{v} (\boldsymbol{x}_m - \boldsymbol{x}_m^i)\right)^2 \right] \tag{6-9}$$

$$\sum_{i=1}^{N} \boldsymbol{J}_{\text{repellant}}^{i} = \sum_{i=1}^{N} \left[-h_{\text{repellant}} \exp\left(-w_{\text{repellant}} \sum_{m=1}^{v} (\boldsymbol{x}_m - \boldsymbol{x}_m^i)\right)^2 \right] \tag{6-10}$$

其中，d_{attract} 为引力的深度；w_{attract} 为引力的宽度；$h_{\text{repellant}}$ 为斥力的高度；$w_{\text{repellant}}$ 为斥力的宽度；$\boldsymbol{x}_m^i$ 为细菌 i 的第 m 个分量；$\boldsymbol{x}_m$ 为整个细菌群体中其他细菌的第 m 个分量，一般情况下 $d_{\text{attract}} = h_{\text{repellant}}$。

（3） 繁殖行为

在执行完指定步数的趋药性行为之后，根据各个细菌的健康度进行排序，健康度可以通过各个细菌在它生命过程中所吸收的营养值的多少进行判断。健康度可表示为细菌在趋药性行为中所经历位置的适应度值的代数和。健康度计算公式为

$$\text{Health}(i) = \sum_{1}^{\text{num}} J_i \tag{6-11}$$

其中，Health(i) 表示第 i 个细菌的当前健康度；J_i 表示第 i 个细菌的适应度函数值；num 表示到当前位置时，第 i 个细菌所完成的趋药性行为的次数。在对各个细菌按照健康度值大小进行排序之后，健康度值高的细菌有权进行繁殖行为，生成子代。子代的位置、步长及其他信息均与父代相同。健康度不高的细菌则没有繁殖权利，它们将死亡，以此保持菌群的规模不变。

（4） 迁徙行为

迁徙行为是细菌在实际环境中被外力杀死或者被驱散到新的区域中的一种现象。这破坏了细菌的趋药性过程，但是细菌也可能因此寻找到食物更加丰富的区域。在 BFO 中，菌群经过若干次繁殖后，细菌以概率 P_{ed} 被随机分配到寻优区间，P_{ed} 被称为迁徙概率。

BFO 整体流程如图 6－1 所示。

6.2.4　蛙跳算法（SFLA）

蛙跳算法（SFLA）由 EUSUFF 和 LANSEY 于 2003 年首次提出，是一种新式仿生智能算法[16]。SFLA 将基于模因进化的模因演化算法（MA）和基于

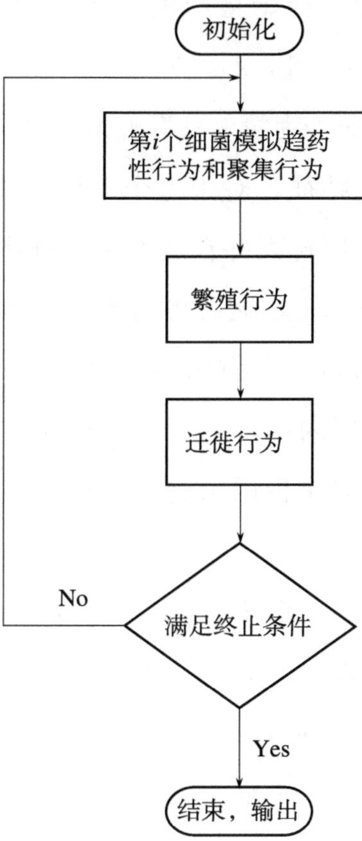

图 6－1　BFO 整体流程图

群体行为的 PSO 算法结合起来，因此具有简单易用、参数较少、计算快、全局搜索等特点。近年来，国内外一些学者提出将混合 SFLA 用于加工制造业、旅行商问题、连续优化问题和模糊控制器设计等[17]。

SFLA 的基本原理如下：假设在某一湿地中有一群青蛙，湿地中离散分布着一定数量的石头，青蛙可以借助不同的石头去寻找食物较多的位置。青蛙被分为 m 个子群（种群 1，种群 2，…，种群 m），一个子群称为一个模因组，不同的模因组拥有不同的文化信息，分别执行自己模因组内的搜索。在每个模因组内，青蛙不仅能得到各自的信息，而且受其他青蛙文化信息的影响，因此，个体的进化也促进了子群的进化，当子群进化到一定程度后，各个子群之间通过文化交流（交换全局信息）来实现子群之间的合作，直到满足设定的搜索条件[18]。

在目标搜索空间中，随机初始化产生 F 只 d 维青蛙群体，构成初始种群 $P=\{\boldsymbol{x}_1, \boldsymbol{x}_2, \cdots, \boldsymbol{x}_F\}$，$(i=1, 2, \cdots, F)$，第 i 只青蛙 $\boldsymbol{X}_i=(\boldsymbol{x}_{i1}, \boldsymbol{x}_{i2}, \cdots, \boldsymbol{x}_{id})$ 作为一个候选解，$\boldsymbol{x}_{id}$ 为第 i 只青蛙的第 d 维的解。其中，d 为个体所带的文化基因中包含的文化特征，对于每个个体计算适应值 $\mathrm{fit}(i)$，对种群中青蛙个体按照适应值大小升序排列并存放在新数列中，记录种群中适应值最好的青蛙个体位置，即最优解 $\boldsymbol{X}_g$，继而将初始种群划分为 m 个模因组，划分过程如下：第 1 只青蛙划分到第 1 个模因组，第 2 只青蛙划分到第 2 个模因组，第 m 只青蛙划分到第 m 个模因组，第 $m+1$ 只青蛙划分到第 $(m+1)$ 个模因组，依次类推。设 M_k 为第 k 个模因组青蛙的集合 $(k=1, 2, 3, \cdots, m)$，其公式为

$$M_k=\{X_{k+m(l-1)} \in P \mid 1 \leqslant k \leqslant m, 1 \leqslant l \leqslant n\} \tag{6-12}$$

式中，n 为模因组内的个体数；$l=1, 2, 3, \cdots, n$。种群中最好适应值青蛙记为 $\boldsymbol{X}_g$，而每个模因组中最好适应值青蛙和最差适应值青蛙分别记为 X_b 和 X_w，对模因组进行局部搜索，继而改进模因组中最差适应值 X_w。蛙跳规则更新方式计算公式为

$$S=r(X_b-X_w) \tag{6-13}$$

$$X'_w=X_w+S, \quad \|S\| \leqslant S_{\max} \tag{6-14}$$

式中，r 为 (0, 1) 之间的随机数；$S_{\max}$ 为最大移动步长；S 为最差适应值青蛙移动步长。通过更新操作，如果 X'_w 的适应值比 X_w 的适应值好，则取代原来的青蛙；否则，用 $\boldsymbol{X}_g$ 取代 X_b，按照式（6-13）和式（6-14）进行迭代，若适应值未改进，则随机初始化新解，直接替代原来的 X_w。重复上述局部搜索 $L_{\max}$ 次，其中，$L_{\max}$ 为局部迭代次数，当局部搜索全部完成后，将所有 F 只青蛙重新混合、排序、划分模因组，再局部搜索，如此反复，直到满足算法终止条件。SFLA 整体流程如图 6-2 所示。

SFLA 算法从提出至今，已研究出很多成果，SFLA 具有很强的全局搜索能力，但对于某些复杂问题的求解仍存在着收敛速度慢、易陷入局部最优解等问题。

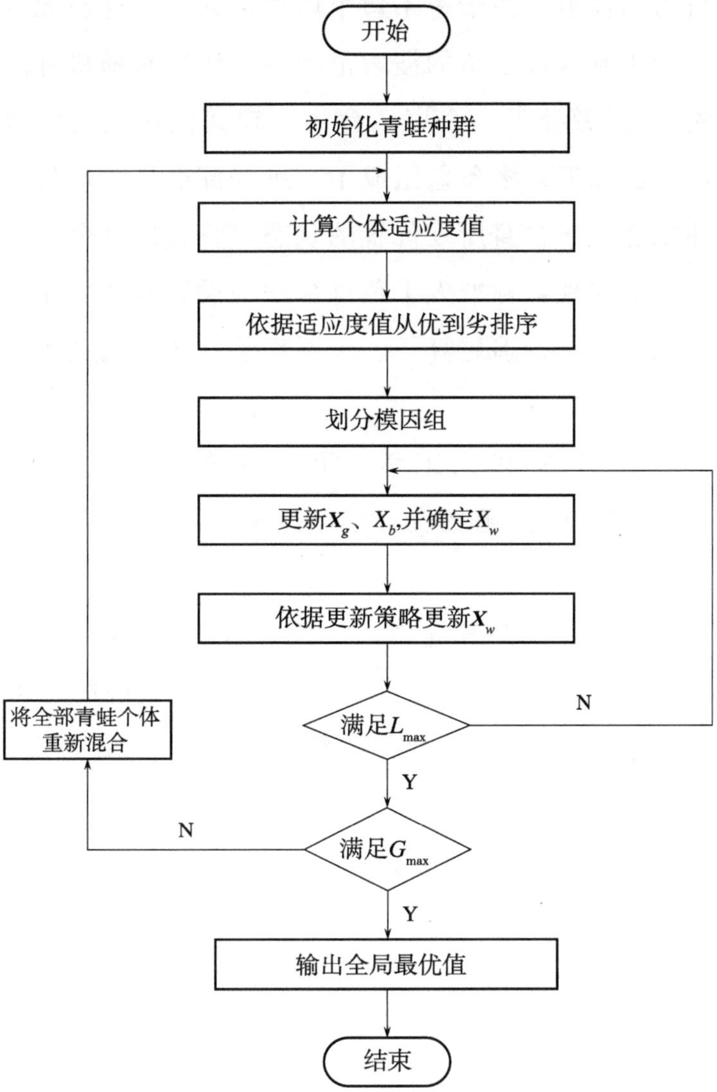

图 6－2　SFLA 整体流程图

6.2.5　人工鱼群算法（AFSA）

人工鱼群算法是受鱼群行为的启发，由国内李晓磊博士于 2002 年提出的一种基于动物行为的群体智能优化算法，是行为主义人工智能的一个典型应用，这种算法源于鱼群的觅食行为[19]。鱼类的主要行为有觅食行为、集群行为、繁殖行为、躲避逃逸行为、洄游行为、追逐行为、随机游动和离开行为等。

人工鱼群算法的基本概念：人工鱼群算法的灵感来自对水中鱼群的觅食、

追尾、聚群等行为的模拟。由于每条鱼个体均会处于一种漫无目的随机游动现象，这种随机游动机制保证了鱼的搜索范围的广泛性和随机性。如果其中一条鱼发现了“食物”，或者处于一个离“食物”较其他鱼更为优越的位置时，则会吸引其他鱼向自己靠近；多条鱼组成了一种局部群体，该群体之外的鱼如果发现该局部群体状态优于自身所处位置的状态，将会向这个群体中心靠近[20]。

人工鱼群算法的实现：标准人工鱼群算法中设置有四个主要算子，分别是自由游动算子、觅食算子、追尾算子、聚群算子，从而实现了“社会协作、自我适应和竞争操作”的过程。

初始化阶段：设有 N 条人工鱼，第 i 条鱼的个体位置为 $\boldsymbol{X}_i=(x_1, x_2, \cdots, x_D)$，当前的目标函数为 $Y_i=f(\boldsymbol{X}_i)$，个体之间的距离为 $d_{ij}=\|\boldsymbol{X}_j-\boldsymbol{X}_i\|$。

聚群行为：为了生存或躲避危险，鱼会自然聚集成群。其中人工鱼 $\boldsymbol{X}_i$ 的临域为 $\varepsilon=\{\boldsymbol{X}_j \mid d_i, j\leqslant \text{visual}\}$，visual 表示人工鱼群的最大感知距离，人工鱼 $\boldsymbol{X}_i$ 首先探索其当前邻域内的伙伴的数量 n_f，n_f 计算公式为

$$n_f=\sum j \quad 当\ d_{ij}\leqslant \text{visual} \tag{6-15}$$

如果 $\boldsymbol{X}_i$ 邻域没有伙伴，则执行随机觅食行为，否则计算伙伴中心位置，即

$$X_c=\frac{\sum_{j=1}^{n_f} X_j}{n_f} \tag{6-16}$$

若满足一定的条件，则对其移动后的位置进行更新，即

$$X_i^{t+1}=X_i^t+\text{rand}\times\text{Step}\times\frac{X_c-X_i^t}{\|X_c-X_i^t\|} \tag{6-17}$$

式中，rand $\in[0, 1]$ 是一个随机数；Step 表示人工鱼群每次的移动步长。

追尾行为：人工鱼在其感知范围内，探知周围伙伴的最优值，然后向其移动一步，称其追尾，其公式为

$$X_i^{t+1}=X_i^t+\text{rand}\times\text{Step}\times\frac{X_{\min}-X_i^t}{\|X_{\min}-X_i^t\|} \tag{6-18}$$

常规随机觅食行为：人工鱼 X_i 随机游动觅食，更新人工鱼新的位置，公式为

$$X_j = X_i + \text{rand} \times \text{Visual} \tag{6-19}$$

若该移动得到改善，则人工鱼 $\boldsymbol{X}_i$ 向前移动一步，即

$$X_i^{t+1} = X_i^t + \text{rand} \times \text{Step} \times \frac{X_{\min} - X_i^t}{\| X_{\min} - X_i^t \|}$$

常规觅食行为伴随着聚集和追尾的行为而发生，每次聚集或追尾行为之后，都会执行常规觅食行为。

人工鱼群算法常用终止条件为：1）判断连续多次所得的均方差小于允许的误差；2）判断一些区域的人工鱼群的数量达到某个比率；3）连续多次所获取的值均不得超过已寻找的极值；4）迭代次数达到设定的最大次数。

AFSA 整体流程如图 6－3 所示。

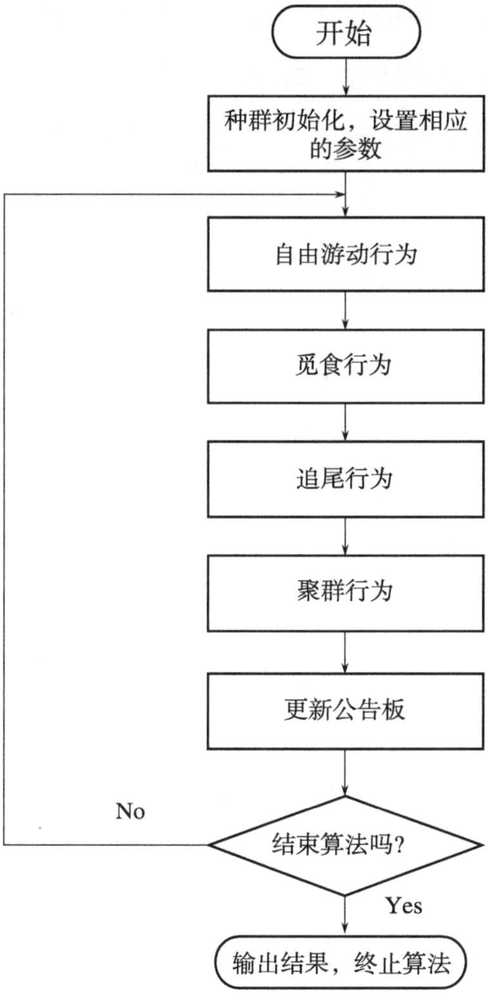

图 6－3　AFSA 整体流程图

6.3　群体智能机器人

在机器人生态圈中，群体智能的具体体现形式多种多样。首先，自组织性是群体智能的核心特征之一，它使机器人群体能够自主形成有序的工作模式，无需外部中央控制即可实现高效协作。其次，通信与协作机制在群体智能中发挥着至关重要的作用，通过高效的通信手段，机器人之间能够实现信息共享与任务协同，从而增强整体的协作效率。同时，基于机器学习和人工智能技术的学习与进化能力也是群体智能的重要组成部分，它使机器人能够从经验中不断学习新知识，优化自身行为，并在群体层面实现知识的共享与进化。此外，分布式决策机制也是群体智能的一大亮点，它将决策权分散于各个机器人之中，提高了系统的响应速度和灵活性，降低了单点故障的风险。最后，多样性与冗余设计作为群体智能的保障措施，不仅提升了系统的鲁棒性，还促进了创新策略的产生。

6.3.1　群体机器人实验室项目

群体机器人研究的是大型机器人群的设计、建造和部署，这些机器人群能够协调和合作地解决问题或执行任务。机器人集群从大自然中汲取灵感，如群居昆虫、鱼群或鸟群，其特征是基于简单的局部相互作用规则的集体行为。通过这种方式，群体机器人的目标是构建比单个机器人更健壮、容错和灵活的系统，并且能够更好地适应环境变化的行为。

群体机器人是群体智能的应用，例如集体自组织行为的计算模型产生了多个成功的优化算法，用于从通信到人群行为的模拟和预测等领域。然而，在机器人中实现群体行为需要的不仅仅是简单地将群体智能算法应用于现有的机器人平台。它往往需要重新思考机器人活动，比如感知、控制、定位，以及机器人平台的设计本身。

2000 年之后群体智能重点将在生物系统中观察到的行为（如蟑螂的聚集）复制到机器人群体上，甚至产生了混合生物-机器人社会。2001—2005 年，欧盟委员会资助了 Swarm - bots 项目[21]。在这个项目中，一群 20 个能够相互连接的机器人执行了群体协助任务，如集体运输、区域覆盖和目标搜索[21]。此后，Swarmanoid 项目将 Swarm - bots 中开发的思想和算法扩展到由三种类型的机器人（飞行、攀爬和地面机器人）组成的异构机器人群[22]，这些机器人协同执行搜索和检索任务。当前，群体机器人朝着小型化、大量化方向发展，机器人部署数达到百个，甚至数千个。Kilobots 机器人集群支持上千个机器人的协同实验[23]。Kilobots 机器人非常小巧和便宜，方便大规模生产和部署。它们具有基本的传感、执行和通信能力，但计算能力有限。Kilobots 项目展示了如何通过简单的规则和交互来实现复杂的自组织行为，如集体形状形成、模式生成和任务分配。此外，为了给群体机器人研究工作提供便利的实验条件，设计了 e - puck 机器人教育平台[24]。e - puck 机器人体积小巧，直径约为 7 cm，高度约为 3.5 cm，可在有限空间内进行实验。e - puck 机器人扩展性强，允许用户根据需要添加额外的传感器或模块，提供了高度的可定制性，适用于群体机器人学、人工智能、计算机视觉和机器人编程的教学与实验。在群体机器人研究中大量使用的一些机器人，如图 6 - 4 所示。

6.3.2　群体智能机器人的应用

群体机器人的分散协调策略在物流（如在大型仓库中）、自动驾驶、农业、服务领域和军事领域等都有应用。

物流领域：群体机器人通过搭载机械臂、激光传感器等设备，能够在大型仓库中自动存储和检索货物，大大提高了物流仓储的效率。物流机器人可以用于搬运重物，在仓库内部进行快速、准确的货物运输。在移动过程中，物流机器人能自动识别地图及障碍物，实现自主导航和避障，提升运输效率。

自动驾驶领域：利用各种传感器和摄像头，群体机器人（如自动驾驶车辆）可以准确感知周围环境，对道路、车辆、行人进行识别，确保安全行驶。基于感知到的环境信息，自动驾驶系统通过人工智能进行路径规划、避障以及交通信号灯的识别和响应，实现高效且安全的自动驾驶。通过积累和分析驾驶数据，自动驾驶系统能提供智能辅助功能，如自动泊车、巡航控制等，并通过

(a) Kilobots　(b) e-pucks　(c) Swarm-bots　(d) Swarmanoid

图 6－4　在群体机器人研究中大量使用的一些机器人

机器学习不断完善驾驶技能。

农业领域：群体机器人能将种植过程自动化，根据作物生长需求自动进行种植、施肥、浇水等操作，提高农作物产量和品质。机器人监测土壤条件和作物生长状态，进行如自动施肥、检测病虫害等农田管理工作。利用视觉识别系统和机器学习算法，机器人能准确识别和采摘成熟的农产品，减少人力投入并保证产品品质。

服务领域：在物流的最后一公里配送环节，机器人可以代替人类进行快递的投递，提供快速、便利的服务，提升客户满意度。在商场、博物馆等公共场所，群体机器人可以提供导览和咨询服务，增强顾客体验。在餐饮行业，机器人可以用于点餐、送餐等服务，提高服务效率并降低人力成本。

国防应用：国防应用这类机器人群应该保证尽可能高的性能和可靠性。安全和安保方面需要处于最高水平，以保证机器人群不会失控或被恶意捕获。类似的方面在其他应用领域也是至关重要的，比如民防，面对自然或人为灾害时，需要具备能够处理紧急情况的敏捷机器人，而不需要外部基础设施或可靠的地图。

空间应用：空间应用所带来的巨大挑战是必要的群系统的自主性，不能依赖于人类操作者的可靠和持续的干预。集群卫星通过利用多个小卫星组成星座，实现比单颗大型卫星更灵活的服务。例如，Starlink 和 OneWeb 等卫星网络，它们通过集群卫星提供互联网服务，覆盖了更广泛的地区[25]。新一代通信卫星，如采用 Ka 波段等高频率通信技术的卫星，不仅提高了通信容量和速率，还支持了更广泛的互联网服务，使得偏远地区也能享受到高速互联网连接。在太阳同步轨道上的集群卫星，如海洋卫星等遥感卫星，可用于观测海洋的水色、水温、海浪等变化。它们能够定期收集特定区域的信息，为科研提供重要数据。此类卫星还可用于国土资源勘察、地质减灾等目的。当经过突发地质灾害区域时，它们能迅速获取地面图像，为灾害应对提供关键信息。小卫星集群还为教育和技术验证提供了平台。例如，有大学参与的小卫星项目，不仅为学生提供了真实的太空任务经验，还推动了太空技术的创新和发展。NASA 和 ESA 等航天机构已经开始对群体技术表现出兴趣，开展了针对微型卫星群控制的 Swarmathon 竞赛等活动[26]。

最后，纳米机器人群可能在未来成为精准医学的一种新的强大工具，使人体内有针对性的干预成为可能，例如微创手术或直接向癌细胞进行多疗法递送[27]。然而，庞大数量的机器人与极其有限的计算和通信能力的协调将使群体机器人方法达到极限，除了开发微观硬件或生物机器人设备外，还需要开发新的概念工具。

总体而言，潜在应用领域的需求与群体机器人未来的研究挑战之间的关系是无可争辩的。因此，我们设想研究人员与来自各个应用领域的利益相关者之间的密切合作，他们可以提供具体的例子来推动新的发展，并有助于在未来几年制定群体机器人研究的议程。

6.4　群体机器人的发展趋势

随着研究的深入和应用领域的拓展，群体智能在机器人生态圈中的演进路径也日益清晰。首先，从简单到复杂的发展趋势是群体智能演化的基本规律。起初，群体智能可能仅包含简单的行为规则，但随着环境复杂度的增加和任务需求的提升，机器人群体将逐渐发展出更加复杂和精细的策略与行为模式。其次，学习与适应机制的完善是群体智能持续进化的关键。通过利用机器学习和人工智能技术，机器人能够不断从环境中学习新知识，适应新的挑战，从而推动群体智能的持续发展。此外，遗传算法等优化技术的引入也为群体智能的进化提供了新的思路和方法。通过遗传算法等优化技术，机器人群体能够在多代之间传递和优化最佳策略，实现群体智能的遗传与进化。同时，机器人与环境的持续互动也是群体智能演进的重要驱动力。通过与环境的不断交互和反馈调整，机器人群体能够不断优化自身行为模式以更好地适应环境需求。最后，借鉴人类社会的学习机制而发展的社会性学习也为群体智能的演进提供了新的视角和可能性。通过观察和模仿其他成员的行为来学习新技能不仅加速了知识在群体中的传播与共享，还促进了创新策略和新功能的产生。

6.4.1　机器人小型化

群体机器人通过设计和控制成千上万个简单的机器人，实现由简单的个体行为和无数的交互产生群体级复杂行为。随着微电子技术、纳米技术、精密机械技术等的不断进步，机器人硬件的制造正朝着越来越小的方向发展。这些技术的发展为机器人群体硬件小型化提供了有力支持。小型化机器人在能源利用上更加高效，因为它们需要更少的能源来维持运行，这有助于延长机器人的工作时间和提高整体性能。目前微机器人和纳米机器人并不是传统的硬件，而是由活性胶体粒子、软体（生物）机器人、细菌驱动的纳米机器，甚至是由可控的基因工程生物组成。

随着机器人群体硬件小型化，它们的应用领域也在不断拓宽。小型机器人能够进入狭窄、危险或人类难以到达的环境中执行任务。在医疗领域，小型化机器人可以应用于微创手术、药物投放、体内检测等任务。例如，微型机器人可以在血管中穿行，进行精确的药物投放或执行其他医疗操作，提高手术的精准度和安全性。在工业领域，小型化机器人可以用于精密制造、设备检测、狭小空间作业等。它们能够在复杂的机械系统中进行精确的测量和操作，提高生产效率和产品质量。在军事领域，小型化机器人可以执行侦察、排雷、搜救等危险任务，降低人员伤亡风险。此外，它们还可以用于战场环境感知、信息收集和传输等任务。小型化机器人还可以应用于环境监测领域，例如进入森林、沼泽等难以到达的区域进行环境数据采集和分析。同时，它们也可以用于环保领域，如清理污染物、监测空气质量等。

然而，微型机器人和纳米机器人面临着与宏观尺度不同的物理定律，需要新颖的集体行为模型。在微型尺度上，实现精确的运动控制是一个挑战。在这样的系统中实现和控制集体行为将需要新颖的范例，不再要求精确控制个体行为的能力。微型机器人的尺寸限制了传统的通信方法。需要研究无线通信、纳米通信或其他微型化通信技术以实现可靠的数据传输。微型机器人集群可以通过自组织的方式形成多样化的模式。例如，当施加磁场时，可以操纵这些模式，使群体“围住”被动物体，然后将其驱逐。这种自组织行为是通过机器人之间的相互作用和全局信号的引导来实现的。全局信号可以影响机器人的成对互动，从而实现集体运动和对物体的操纵。虽然微型机器人的尺寸限制了其通信能力，但可以通过简单的信号传递或局部交互来实现必要的信息共享。总体而言，研究应侧重于利用少量传感器、最小的计算能力和简单动作的控制方法，以呈现自组织属性的解决方案。

6.4.2　异质性

在深入探究群体机器人技术的学术领域中，我们常采用一种理想化的模型，即假设所有机器人单元具备高度的同质性，不仅在外形上保持一致，更在运行同一套控制软件的基础上展现出无差别的行为特性。这种同质性假设，植根于集体行为学理论的坚实基础，旨在通过简化复杂系统，增强研究的可控性与可重复性，为深入剖析群体动态提供清晰的视角。

然而，值得注意的是，自然界的群体现象远比这一理想模型复杂多变。在生物群体中，个体间的异质性，包括生理结构的细微差异与行为模式的多样性，构成了群体适应性与灵活性的基石。这些“个性”特征显著影响着生物体对环境变化的响应策略及社会互动的模式，展现出自然界群体智慧的独特魅力。

将这一自然法则映射至机器人群体技术的研究中，我们认识到，引入异质性元素或将成为推动该领域发展的关键。具体而言，通过设计具有不同功能专长、环境感知能力或社交互动策略的机器人个体，我们可以构建出更加灵活多变、适应性强的机器人群体系统。这些异质机器人能够在复杂多变的任务环境中，根据自身特点相互协作，共同应对挑战，展现出超越单一同质系统的优越性能。以下是几个具备代表性的异质机器人群体落地应用：

①自折叠层压机器人集群

自折叠层压机器人集群由美国加利福尼亚大学圣迭戈分校的研究人员开发。它们利用激光切割技术制造，可定制化大规模生产，非常适合用于制造机器人集群。自折叠层压机器人使用纸板、弹簧钢和其他柔性材料制成，具有自折叠能力，便于携带和部署。这类机器人集群在搜索、救援或环境监测等任务中具有潜在应用。

②HyperTunnel 集群施工机器人

HyperTunnel 是一家新兴隧道技术公司，他们开发的集群机器人用于快速施工隧道。该集群由多个机器人组成，它们在地层中先建好衬砌，然后再挖空衬砌内部的土体，以形成隧道空间。这种方法结合了水平定向钻、集群机器人及多项智能化技术，被认为是未来隧道施工技术的发展方向，如图 6-5 所示。

图 6-5　HyperTunnel 集群施工机器人

③无人机与地面机器人集群

在某些应用场景中，无人机与地面机器人可以组成异质集群。无人机负责空中侦察和数据传输，而地面机器人则执行具体的任务，如物品运输、环境监测等。这种集群在军事、搜救和农业等领域有潜在应用。

异质机器人群体中，每种机器人都有其独特的功能，可以执行步态的复杂任务，这些功能可以相互补充，从而拓宽了整个群体的能力范围。在制造业中，不同类型的机器人可以分别负责不同的生产环节，实现流水线式的高效作业。在服务行业中，一些机器人可能擅长与客户互动，而另一些则擅长执行清洁或搬运等任务。在灾难现场或危险环境中，异质机器人群体可以执行搜索、救援和监测任务。例如，无人机可以负责空中侦察，地面机器人可以执行救援和物资运输等任务。在军事领域，异质机器人群体可以执行侦查、排爆和物资搬运等危险或复杂任务，从而保障人员的安全。然而，由于异质机器人群体包含多种类型的机器人，因此将它们有效地整合在一起并协同工作是一个挑战。这需要复杂的编程和控制系统来确保各个机器人之间的顺畅沟通和协作。构建和维护一个异质机器人群体需要较高的投入。不同类型的机器人可能需要不同的硬件和软件支持，这增加了整体的成本。异质机器人群体的技术复杂性远高于单一类型的机器人系统。当前研究正致力于开发通用的通信协议，以解决异质机器人之间信息交互的难题。这包括设计能够适应不同类型机器人的数据格式，确保稳定且实时的数据传输。通过协同控制算法，以适应异质机器人群体的特性。这些算法旨在实现机器人之间的高效协调，充分发挥各类型机器人的功能优势。针对异质机器人群体的能源管理问题，研究者们正在探索新的能源分配和回收技术，以延长群体的持续工作时间。

6.4.3　多智能体协同

随着人工智能技术的飞速发展，多智能体强化学习已成为解决复杂系统决策与控制问题的关键技术。特别是在机器人领域，多智能体强化学习为机器人群体协同作业提供了新的思路。

多智能体强化学习模型主要包括以下几种。

Q - learning 模型：这是一种常见的多智能体强化学习模型。在这个模型中，每个智能体都有一个 Q 值函数，该函数表示在当前状态下采取某个动作时能够获得的奖励值。智能体通过观察环境状态、执行动作并接收奖励来更新自己的 Q 值函数，从而学习最优策略。

马尔可夫博弈：这是一种多智能体系统优化算法。在这个算法中，各智能体的行动和策略受到其他智能体的影响。智能体需要分析其他智能体的策略来选择自己的最优策略，以实现系统的最优性能。

基于温度的奖励重塑方案：这是一种实现对协同和竞争行为进行权衡的方法。通过设计一个基于气温的奖励重塑方案，多智能体强化学习可以实现平衡状态，确保个体和系统的整体性能达到最优。

动作语义网络、置换不变性与置换同变性模型：这些是多智能体决策大模型设计中的核心先验。动作语义网络有助于智能体理解动作的含义和上下文。置换不变性与置换同变性则帮助模型处理智能体数量变化的情况，提高模型的泛化能力。

MMDP（Multiagent Markov Decision Processes）和 Dec - POMDP（Decentralized Partially Observable Markov Decision Process）模型：MMDP 将单智能体的马尔可夫过程扩展至多智能体，考虑动作空间与状态空间的指数拓展。Dec - POMDP 则使用观测函数对系统内的每个智能体在有限视野范围内观测到的信息进行建模，更适用于部分可观测环境。

这些模型在多智能体强化学习中发挥着重要作用，帮助智能体在复杂环境中学习最优策略，并实现多智能体系统的协调与优化。随着研究的深入，这些模型将不断完善和发展，以适应更广泛的应用场景。这种方法能够使机器人群体在面对复杂任务时，如协同运输、搜索与救援等，展现出高效的协作能力。每个机器人作为一个智能体，通过强化学习算法不断调整自身策略，以适应动态变化的环境，并与其他机器人协同工作，实现共同目标。此外，多智能体强化学习还能帮助机器人群体实现资源的合理分配和高效利用。在资源有限的情况下，机器人需要通过学习来优化资源分配策略，从而提高整体作业效率。这种学习方法还能使机器人群体在面对未知环境时，快速适应并做出最佳决策。

然而，多智能体强化学习也面临一些挑战：

奖励机制设计，目前，研究者们提出了一些新的方法来解决这一问题，如使用奖励共享机制，即智能体根据整个团队的表现进行奖励分配，以引导智能体之间的合作。

竞争与合作处理：如何处理智能体之间的竞争和合作也是多智能体强化学习的一个关键问题。近年来，研究者们提出了一些新的算法来解决多智能体对抗学习中的均衡问题，以及利用深度强化学习等方法来解决这一挑战。

计算资源和时间限制：多智能体强化学习通常需要大量的计算资源和时间进行训练和优化，这限制了其应用范围和发展。为了缓解这一问题，研究者们提出了一些新的训练结构和算法来提高训练效率，如通信成本、策略协调等问题。未来的研究将需要更加注重这些方面的探索，以实现机器人群体的高效协同与智能决策。

总的来说，多智能体强化学习为机器人群体协同作业提供了强大的技术支持。随着研究的深入，我们有理由相信，未来的机器人群体将在各种复杂环境中展现出更加出色的协作与决策能力。

参 考 文 献

［1］ BENI G，WANG J. Swarm Intelligence in Cellular Robotic Systems ［M］. Berlin，Heidelberg：Springer，1993.

［2］ 王玫，朱云龙，何小贤．群体智能研究综述［J］. 计算机工程，2005（22）：204－206.

［3］ BONABEAU E，DORIGO M，THERAULAZ G. Inspiration for optimization from social insect behaviour ［J］. Nature，2000，406（6）：39－42.

［4］ 余建平，周新民，陈明．群体智能典型算法研究综述［J］. 计算机工程与应用，2010，46（25）：1－4，74.

［5］ DORIGO M，CARO G D. Ant colony optimization：a new meta－heuristic ［C］//Congress on Evolutionary Computation. IEEE，2002.

［6］ 夏小云，周育人．蚁群优化算法的理论研究进展［J］. 智能系统学报，2016，11（1）：27－36.

［7］ 王辉，钱锋．群体智能优化算法［J］. 化工自动化及仪表，2007（5）：7－13.

［8］ DORIGO M，MANIEZZO V，COLORNI A. Ant system：optimization by a colony of cooperating agents ［J］. IEEE Transactions on Systems，Man，and Cybernetics，Part B（Cybernetics），1996，26（1）：29－41.

［9］ STUTZLE T，HOOS H. MAX－MIN ant system and local search for the traveling salesman problem ［C］//Proceedings of 1997 IEEE International Conference on Evolutionary Computation（ICEC’97）. IEEE，1997：309－314.

［10］ DORIGO M，GAMBARDELLA L M. Ant colony system：a cooperative learning approach to the traveling salesman problem ［J］. IEEE Transactions on Evolutionary Computation，1997，1（1）：53－66.

［11］ 王灿灿．面向组合优化问题的启发式蚁群优化算法研究与应用［D］. 赣州：江西理工大学，2023.

［12］ 杨维，李歧强．粒子群优化算法综述［J］. 中国工程科学，2004（5）：87－94.

[13] 樊非之．菌群算法的研究及改进［D］．北京：华北电力大学，2010.

[14] PASSINO K. Biomimicry of bacterial foraging for distributed optimization and control［J］．IEEE Control Systems Magazine，2002，22（3）：52－67.

[15] 王巧灵．基于群体智能混合优化算法的研究［D］．哈尔滨：哈尔滨工业大学，2010.

[16] EUSUFF M M ，LANSEY K E．Optimization of Water Distribution Network Design Using the Shuffled Frog Leaping Algorithm［J］．Journal of Water Resources Planning and Management，2003（3）：129.

[17] 毋建平．基于蛙跳思想的改进聚类模式识别算法［J］．计算机应用，2012，32（S2）：29－31.

[18] 马鲁，陈国初，王海群．蛙跳算法及其在函数优化中的应用［J］．上海电机学院学报，2014，17（2）：68－75.

[19] 李晓磊．一种新型的智能优化方法：人工鱼群算法［D］．杭州：浙江大学，2003.

[20] PENG Y. An Improved Artificial Fish Swarm Algorithm for Optimal Operation of Cascade Reservoirs［J］．Journal of Computers，2011，6（4）：740－746.

[21] MONDADA F，GAMBARDELLA L M，FLOREANO D，et al. The cooperation of swarm－bots：physical interactions in collective robotics［J］．IEEE Robotics & Automation Magazine，2003，12，（2）：21－28.

[22] DORIGO M，et al. Swarmanoid：A novel concept for the study of heterogeneous robotic swarms［J］．IEEE Robotics & Automation Magazine，2013，20（4）：60－71.

[23] REINA A，COPE A J，NIKOLAIDIS E，et al. ARK：Augmented reality for kilobots［J］．IEEE Robotics & Automation Letters，2017，2（3）：1755－1761.

[24] MONDADA F，et al. The e－puck，a robot designed for education in engineering［C］//Proceedings of the 9th Conference Autonomous Robot Systems Competitions. 2009：59－65.

[25] INIGO DEL PORTILLO，CAMERON B G，CRAWLEY E F. A technical comparison of three low earth orbit satellite constellation systems to provide global broadband［J］．Acta Astronautica，2019（159）：123－135.

[26] NGUYEN L A，HARMAN T L，FAIRCHILD C. Swarmathon：A swarm

robotics experiment for future space exploration [C] //Proc. IEEE International Symposium on Measurement & Controlin Robotics (ISMCR) . 2019: B1 - 3 - 1 - B1 - 3 - 4.

[27] JEON S, et al. Magnetically actuated microrobots as a platform for stem cell transplantation [J]. Science Robotics, 2019, 4 (30): eaav4317.

第 7 章　基于模块化自重构的机器人生态圈

在构建未来机器人生态圈的探索中，模块化自重构机器人因其独特的优势而备受瞩目。模块化自重构机器人是构建未来机器人生态圈的理想选择。它们以其独特的可扩展性、灵活性、鲁棒性和自修复能力为机器人生态圈的构建提供了强大的支撑。

首先，模块化设计赋予了机器人灵活性和鲁棒性，能够在环境变化时迅速调整自身形态和功能，以最优状态执行任务。面对未知的任务和非合作环境，如太空探索任务[1]、城市搜救等，机器人需要在不确定的环境中自主完成复杂任务。传统机器人较难处理这些不确定性。此类任务需要机器人具备一定的特性，如可重构、模块化、鲁棒性等，如图 7－1 所示。

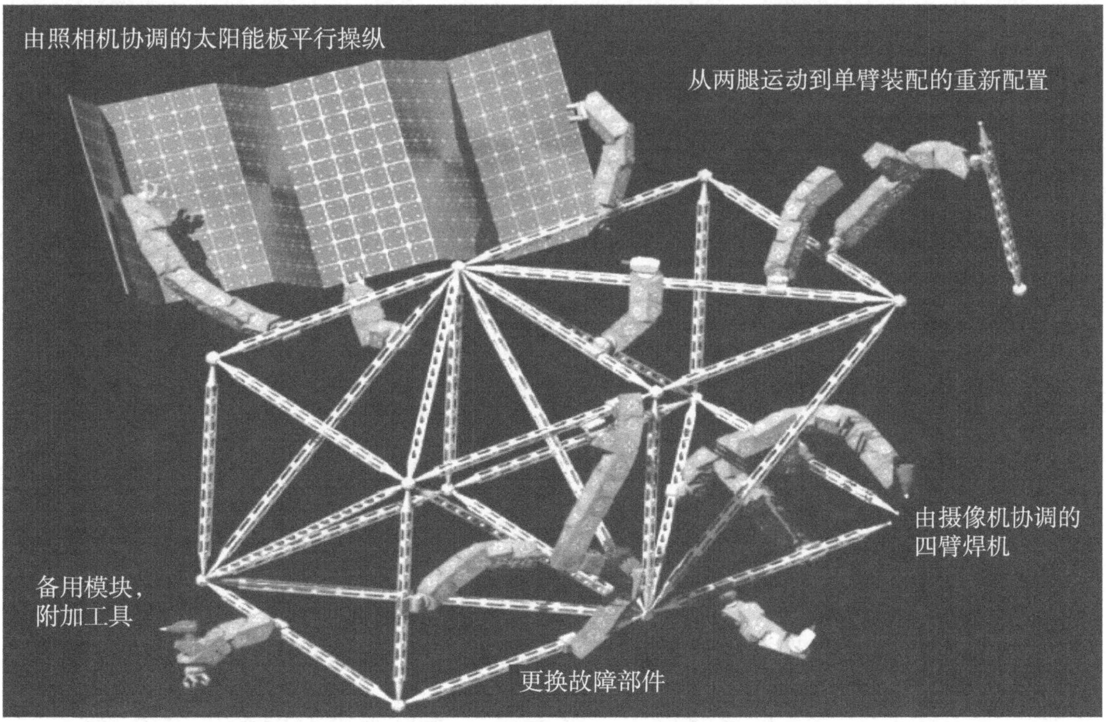

图 7－1　模块化机器人执行桁架建筑任务[2]

其次，其可扩展性使得机器人能够通过简单地增加或减少模块来适应不同任务的需求，无论是扩大作业范围还是提升任务精度，都能轻松应对。

再者，模块化自重构机器人的自修复能力进一步提升了系统的可持续性，即便部分模块发生故障，其他模块也能迅速接管其功能，确保系统稳定运行，减少了对外部维护的依赖。模块化自重构机器人通过持续学习和自优化机制，能够不断进化以适应新的挑战和机遇。在维护方面，模块化设计简化了维护和升级过程，提高了系统的可持续性。从成本效益角度看，标准化的模块生产和重用策略降低了整体成本，提高了经济性。此外，模块化自重构机器人为新技术和新应用的开发提供了广阔的平台，促进了创新潜力的释放。

本章旨在深入探讨模块化自重构机器人的技术现状、如何基于模块化自重构机器人构建机器人生态圈，并阐述其显著优势。

7.1 模块化自重构机器人

模块化自重构机器人（Modular Self - Reconfigurable Robots，MSRR）由相同（模块化单元或同构系统）或不同类型（异构模块化系统）的自主机器人模块组成，这些自主机器人模块可以相互连接，形成不同尺寸和配置的互联机器人系统。MSRR 依靠模块化在非结构化地形上进行机动，同时具有以分布式方式完成多个指定功能的能力。MSRR 具有高灵活性和高鲁棒性，具有自修复能力和可扩展能力，是实现机器人生态圈功能的重要技术途径。

7.1.1 模块化机器人的类型

MSRR 是由多个可编程模块组成的一类机器人，这些模块可以自重新配置、自修复以适应不同的环境，在没有外界直接干预的情况下完成多项任务。模块化机器人通常由相对较小的功能库及多种构建模块组成，具有统一的对接接口，可以在整个机器人中传递力和力矩、电能和通信信号等。模块化机器人能够根据任务需求改变自己的构型，并通过改变特定模块的数量来改变机器人的整体尺寸[1]，从而适应更加多样的应用场景和复杂环境。根据模块单元的几何分布和连接方式，模块化机器人主要可以分为链式（chain - type）、晶格式（lattice - type）、桁架式（truss - type）和混合式（hybrid - type）四种类型，如图 7 - 2 所示。

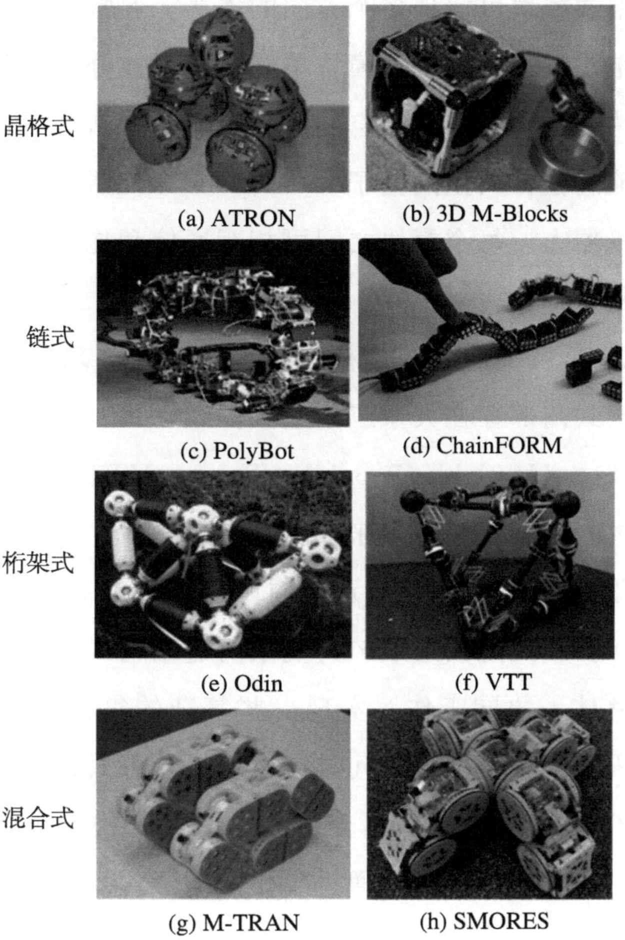

图 7 - 2　几种典型模块化机器人

链式结构的模块由多个模块单元串联在一起构成，通常这些模块链也会连接成环状或树状结构。链式 MSRR 的模块一般有 2 个或以上的连接器，可以组成蛇形、四足和环状等构型。但链式结构的重构过程较为复杂，需要更多时间和计算资源，并且更难实现控制。MIT 开发的 ChainFORM 机器人和 PolyBot 机器人是典型的链式模块化机器人，如图 7 - 2 所示。该机器人通过模块化的设计形式，可以根据不同的需要将机器人模块组装成不同的造型。每个 ChainFORM 单元模块都集成了传感器、触摸检测、电机驱动器和一个低分辨率的显示器，它们之间可以相互组合成不同的形状，还能随意扭曲和以任何角度弯曲。

晶格式模块化机器人的模块单元以规则的三维模式排列，如立方晶格或球体晶格单元。晶格式模块可实现多个方向的连接，通常一个模块具有 3 个以上的连接器。这种结构设计可以借助模块单元的规律性分布来降低重构过程的计算量。晶格式模块化机器人在三维空间内具有规则分布，通过改变模块在重组位置来实现其功能属性。典型的例子——ATRON 机器人，是一种可任意变形的三维阵列结构机器人。每个模块之间可相互通信和连接，并通过红外传感器来检测其他模块是否存在。

桁架式 MSRR 是由可伸缩的连杆模块或可旋转的球形节点连接成的骨架式三维组织。桁架式内部存在大量三角连接关系，具有强大的支撑结构和稳定性。可变拓扑桁架式（Variable Topology Truss，VTT）可以自主重构节点处连杆的接合，通过合并或分离节点来改变拓扑结构。

混合式模块化机器人的模块单元与周围环境或其他模块单元有一定的交互。多个模块单元会相互连接组成较为复杂的链结构或网结构，然后以这个较为复杂的结构为整体，协同工作，实现一些复杂的集群行为。SMORES-EP 是一种混合类型机器人，其模块之间具有多种连接方式，可以组成种类繁多的不同形态来适应不同的环境和任务，SMORES-EP 模块可形成一个可以快速移动的小车，也可变形成一条蛇来通过崎岖的地形。

7.1.2　模块化机器人的对接机构

对接机构是模块化自重构机器人系统的重要组成部分，它允许多个机器人模块相互连接，传递力和力矩，并进行信息和能量传递。MSRR 应配备稳健和高效的对接接口，以确保增强的自主性和自重构能力。根据模块化机器人系统的设计策略，不同类型的模块化机器人系统的对接机构也有所不同。以下是对接/分离机制的主要类型及其特点：

（1）机械锁定

早期的对接机构主要基于机械锁定机制。销钉和孔这种类型的连接通过销钉和孔的对称配合实现。当两个模块的面充分接触时，辅助机制（如形状记忆合金线或电动机）开始工作以完成对接过程。例如，MTRAN 机器人[3] 和 ATRON 机器人[4] 均通过齿轮电机进行机械锁定和闭锁，如图 7－3（a）所示。钩子提供模块间持续且强大的连接力。连接强度可以通过可变刚度来适应环境，如自动船只的对接机制。锁和钥匙这种连接提供机械对接系统，其中钥匙头插入导向床并由执行器锁定。设计时需要考虑避免材料腐蚀或变形，以保持机制的功能。形状匹配通过机械元素在自身内部移动实现两个相同面孔的连接。例如，ModRED 系统的 RoGenSiD 对接机制使用圆形面孔和角度对接销钉，允许另一侧接合。SHEN 等人[5] 开发的 SINGO 连接器使用了一个四爪卡盘，它既可以在里面容纳另一个卡盘，也可以在它的外表面对接另一个卡盘，如图 7－3（b）所示。这种连接器满足许多对接期望，但对接过程相对较慢，建立连接的平均时间为 25 s。

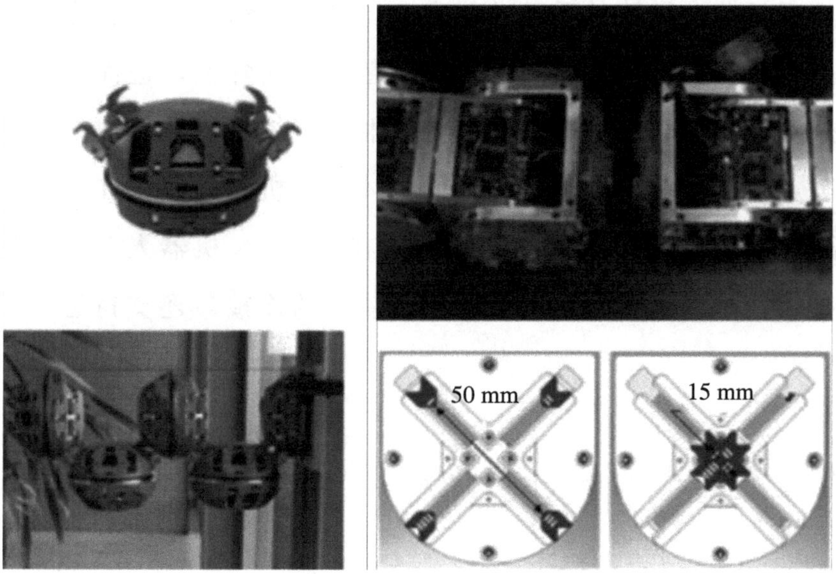

(a)　　(b)

图 7－3　不同的机械锁定对接机制

（2）磁性对接机制

磁性力是模块间交互的替代方式，可以由电流或永磁体提供。磁性对接机制因其设计和实施的便利性而受到青睐，尤其是在小型模块的开发中。

FreeBOT 是典型的由球形模块组成的磁性对接模块化机器人，它的运动由内部轮驱动底盘提供。

随着模块尺寸的减小，通过形状记忆合金（SMA）在不同的热机械作用下改变形状的机制也可实现对接，且是一种低成本解决方案。此外，预计电静力也将适用于对接机制。电静力系统易于通过简单算法控制，并且容易将运动和对接机制结合在一起。预计未来会出现新的对接系统方法，例如基于布朗运动的外部驱动系统，可能会触发不同类型的对接机制。真空基系统也被提出用于对接机制，例如在 RIDAO 等人[6] 的研究中，展示了真空基系统在水下操作时的性能优于其他环境。

随着模块化机器人系统模块数量的升级和对机器人灵巧性要求的不断提升，对同质性、标准化、可快速恢复原始状态的对接机构需求正愈发强烈，促使设计者研发新一代具有容错设计、自愈能力的高效连接机构。容错设计是机器人系统实现长期自维持的重要功能之一，提高容错能力也将在一定程度上提升机器人的自修复能力，这将使零部件的替换难度降低，进而使失效部件的替换难度有效降低。一个具有自主能力的机器人系统需要能够成功检测并修复其模块的故障，即具有一定的自修复能力，才能使机器人系统在缺乏人类干预的复杂环境下长期维持。例如，TU 等人[7] 在 FreeSN 机器人系统中使用桁架为球形模块提供连接，这些桁架不仅提供模块间的连接，还支持运动、自重构和任务完成。

7.2 模块化机器人的协同运动

7.2.1 运动步态类型

运动步态是机器人系统长期执行任务中的一个重要课题，因为它涉及在不同环境执行各种任务，无论是仿真实验，还是在实际环境中执行任务都是如此。大量的运动步态增加了机器人系统稳健处理环境信息的不确定性，这是在复杂环境下执行任务的显著特征。机器人系统的许多运动步态都是受自然界生物个体或群体运动的启发而设计的，这些运动步态对于机器人系统在非结构化的环境中高效执行任务具有重要意义。

（1）准轮式运动

在准轮式运动步态中，俯仰自由度起着重要作用。如图 7－4 所示，若干机器人模块通过改变关节对接角度，形成类环状结构，通过模拟轮胎的运动形态，实现对障碍物的跨越。图 7－4 所示为不同模块连接形成轮式结构，从而跨越前方崎岖地形。

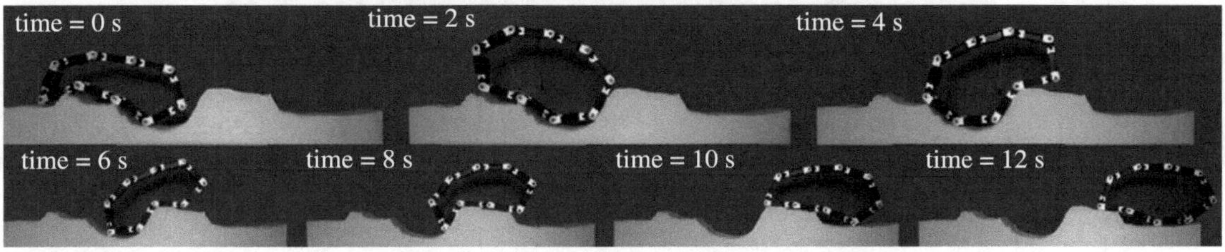

图 7－4　准轮式运动步态示意图

（2）流动运动

对于晶格式和链式的机器人模块，有一种特殊的运动形式——流动。这种运动类型的灵感来自水分子在表面上一起自由运动或越过障碍物的运动。基于流动的运动可以概括为模仿具有与水类似特性的流体的流动。模块的并发动作应由控制器相应地进行管理。流动应用的算法分为元胞自动机、分布式规划、层次式规划和连接自由式规划等。在元胞自动机中，每个模块根据其局部状态和转换规则来决定其下一状态。这些规则使各个模块依次从 MSRR 的后部移动到前部，表现出类似于坦克履带的行为。进一步地，流动运动还可以通过设计像藤蔓一样抓稳障碍物的中间构型来实现流动过程中的全程静态稳定性，如图 7－5 所示。

（3）蠕虫状运动

仿生运动对模块化机器人穿越复杂地形具有非常重要的借鉴意义。自然界蠕虫等在粗糙表面上进行运动，可以实现一系列避障或跨越操作。尺蠖的运动就是这样一种步态，这样的运动步态可以被人工机器人系统所模仿。图 7－6 展示了分别使用一个模块和两个模块的蠕虫状运动。图 7－6（a）为单模块步

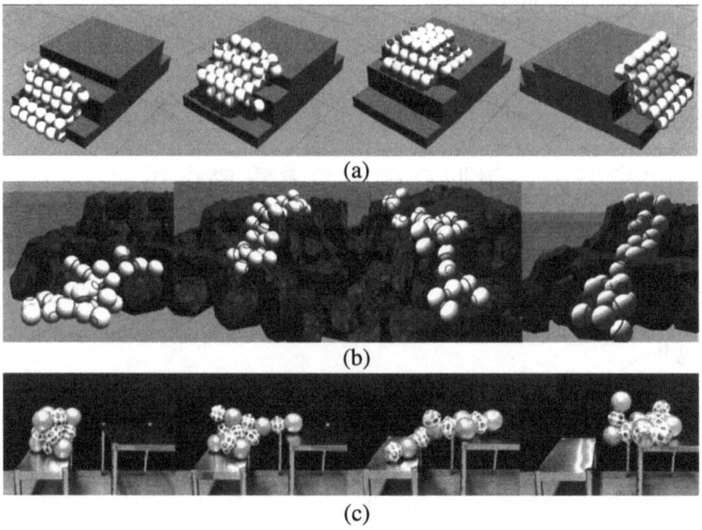

图 7－5　FreeBOT 和 SnailBot 的流动运动示意图[8]

态，其利用一个平移自由度和两个末端俯仰自由度实现蠕虫运动。图 7－6（b）为双模块步态，其利用了两个模块的平移和俯仰自由度的组合，实现相同的运动目标。PARK[9] 针对桁架式模块化机器人提出了路径规划算法和 PID 模块控制算法，并在仿真中验证了其自主避障能力，如图 7－7 所示。

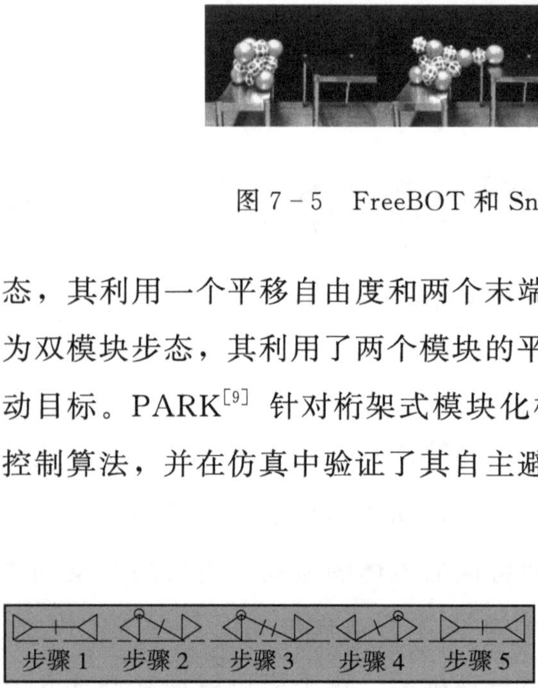

(a) 单模块步态

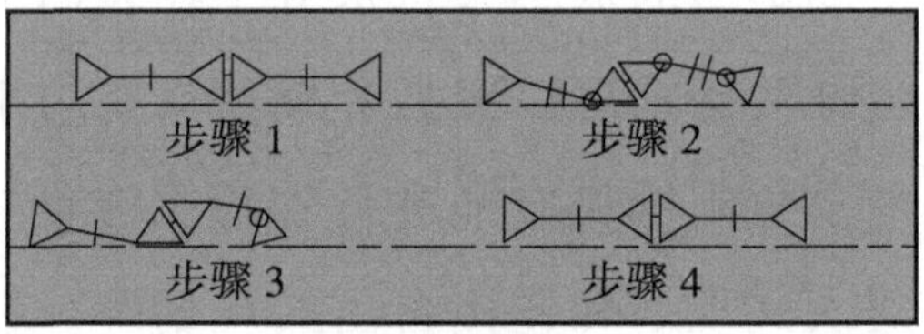

(a) 双模块步态

图 7－6　仿尺蠖运动的单/双模块步态示意图

（4）腿式运动

进行流动运动的模块化机器人只利用了模块间端到端的连接，无法实现多腿运动步态，一种可能的配置可以是单个模块桥接两组单个模块或两组双模块。该机器人可充分利用三种自由度对齐末端支架的旋转轴，从而实现两足行走的功能。中间桥接模块可以作为腰部来引导腿部的动作。此外，可以增加桥接模块的数量，从而获得更宽的两足间距离。

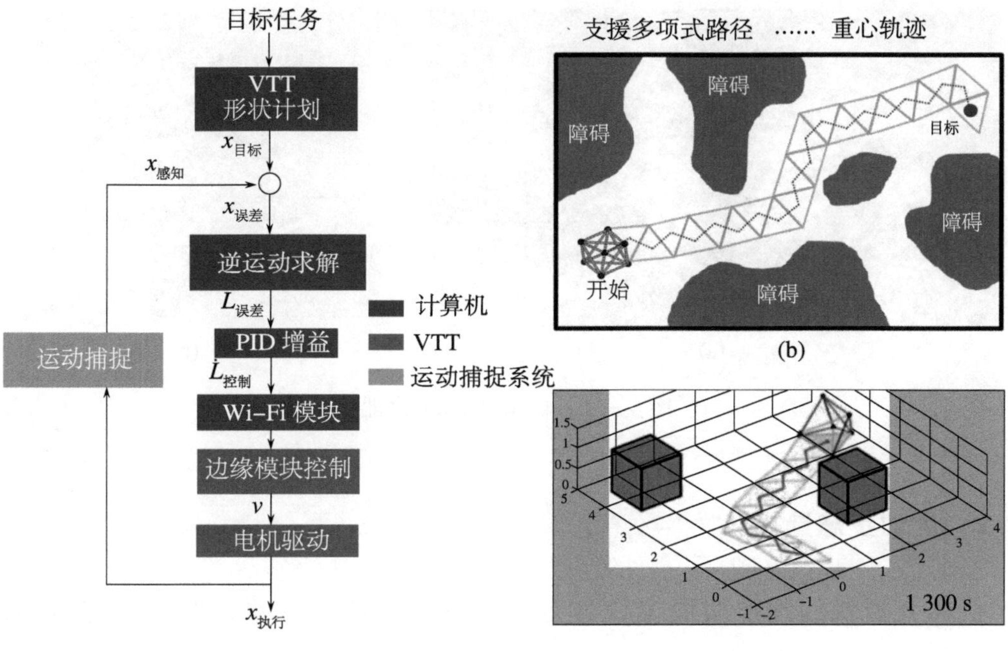

图 7-7　桁架式模块化机器人的路径规划和模块运动（见彩插）

（5）其他运动

模块化机器人还有空中飞行、水上运动、微重力运动等。图 7-8 展示了分布式飞行阵列在飞行操作中的不同配置[10]，它由可以在空间中自由移动和连接的同质六边形模块组成，适用于需要高度灵活性和创新性的应用。图 7-9 展示了 PAULOS 等人[11] 提出的水上自重构模块化船只，该船只可进行大规模的海事活动，如桥梁组建及飞行器着陆。

图 7-8　分布式飞行阵列

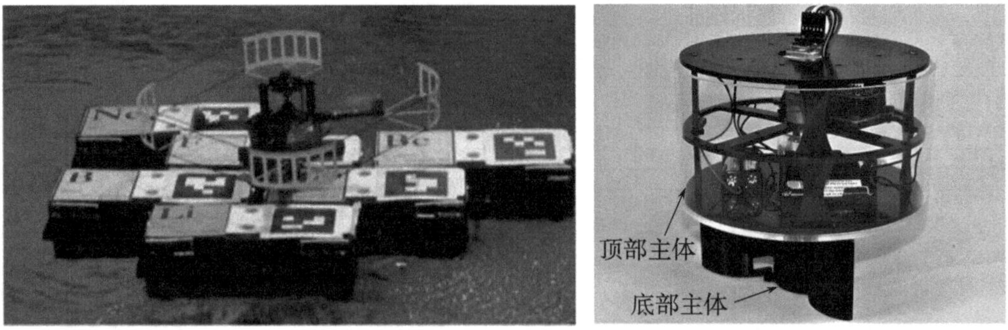

(a)　　(b)

图 7 - 9　自重构模块化船只

7.2.2　运动步态选择

机器人模块的圆形截面模块将有助于更快的轮式运动，但由于与地面的接触面积较小，其平衡性较差。方形截面模块不仅有助于在地形上保持平衡，还可以为停靠或对接其他模块提供对称的表面，如图 7 - 10 所示。由图 7 - 10 可见，三种情况下，只有方形截面叠加后能够较容易保持两模块间的平衡。三角形和方形横截面模块平衡性较好，但对崎岖地形的适应能力较差。圆形截面模块的平衡性较差，但对崎岖地形的适应性较好。在崎岖地形上运动时，平衡问题就变成了一个非常复杂的问题，需要对地形建模、运动规划和控制以及接触力、摩擦力和滑移分析等进行详细的研究，以便在粗糙崎岖的地形上选择适当的步态并开发稳健的控制方法。

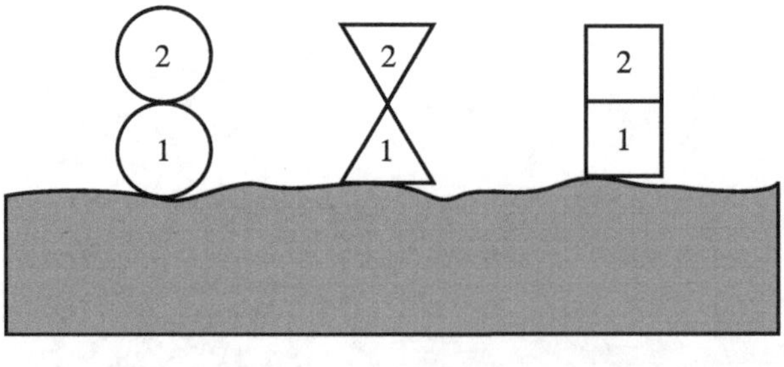

图 7 - 10　不同截面的模块化机器人与地面接触的示意图

如果链接模块的数量保持不变，两种不同步态间的重新配置相对较为简单。在这种情况下，机器人重点关注的问题是负载平衡和运动方向问题。但如果两种步态的实现需要不同数量的模块时，则情况要相对复杂。此时，机器人系统需要进行模块间新的对接或解对接，甚至需要在整个系统进行模块间的信息协作或重新决策，以调动不同的模块进行配合。图 7－11 所示为一些可能的机器人步态示意图。其中，图 7－11（a）表示五模块四足步态，它是使用这些机器人模块可以实现的最简单的四足步态。图 7－11（b）所示为在系统中增加一个模块，可以实现更稳定的蝎子式步态，使用这种步态，机器人基本上可以用三条前腿进行机动，并使用尾巴作为支撑或可选的第四条腿。图 7－11（c）是一种六模块配置，其提供了一个较高的平台支撑，以便其他模块可以利用它上升到更高的高度，而此种模式在协同穿越大型障碍物时可能会有较大用处。图 7－11（d）模仿了一种四轮驱动步态，其运动状态更稳定，性能更健壮。图 7－11（e）代表一种简单的六足步行器配置，相较于四足机器人可在承重时更加稳定。图 7－11（f）则代表了一种混合步态，说明操作者可根据实际任务，设计符合自身需求的复杂步态形式。

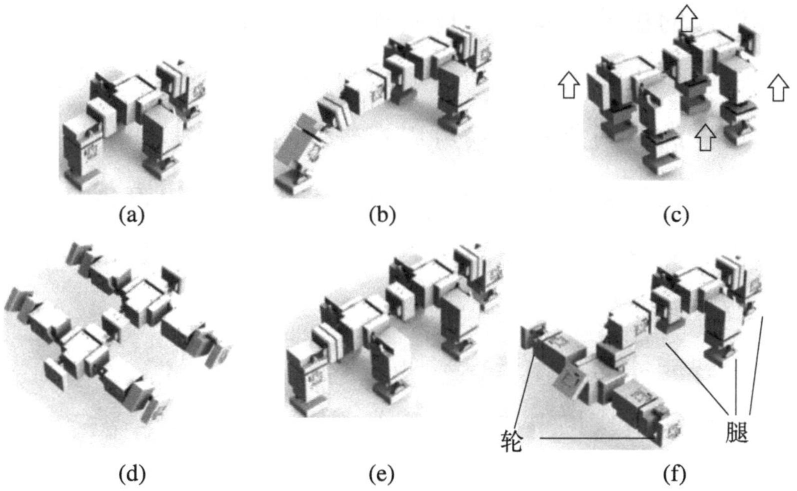

图 7－11　各种可能的机器人步态及其所需的模块配置

图 7－12 则展示了更加复杂的步态示例。仅使用 7 个模块，就可以实现如图 7－12（a）所示的蛇形步态。对于更加崎岖或对稳定性要求更高的任务，还可通过将两个蛇形构型拼配，形成并列的蛇形构造，如图 7－12（b）所示。图 7－12（c）则展示了利用 11 个模块构成的仿人机器人。由此可见，通过同类

型的模块组装，可以构造大量、丰富的运动步态和形式各异的机器人构型。

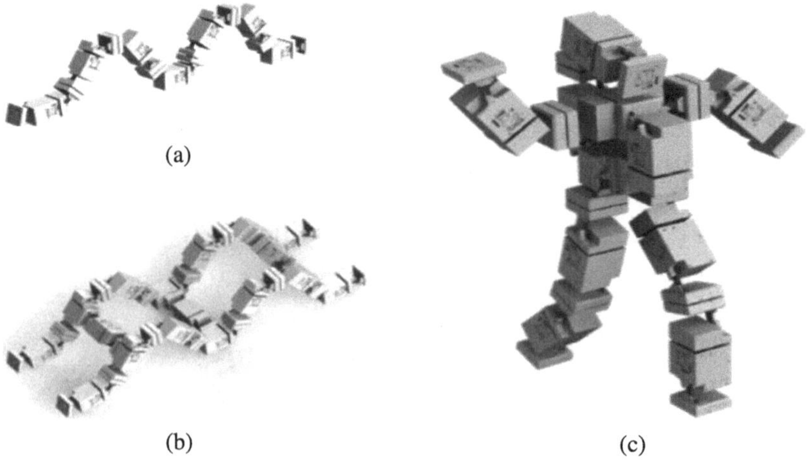

图 7-12　复杂步态示例

7.2.3　协同负载运输

具有良好设计的机器人集群可以实现在无人环境下的长期维持、发展和生存。在这一过程中，机器人集群的能源、故障零部件等物质的补充是一项重要任务，机器人集群的协同负载运输可以在这一过程中发挥关键作用。通常，研究者会采用混合仿生的多智能体设计策略，使机器人集群依次实现负载平衡、自主导航（或协同避障）等，使得机器人集群在能量消耗最少或所用时间最短的前提下，完成负载运输任务。

（1）基于多智能体的设计思想

在多智能体系统中，每个机器人独立感知环境并自主做出决策。与集中式系统相比，系统是分布式的，没有指挥层次结构或集中控制，因此，在个别机器人出现故障的情况下，不会出现影响全局的重大事故。通常，任务初始会给定任务有效载荷的大小、重量和几何形状，系统中机器人的类型、数量、初始能量及环境模型信息，并设定整个系统的初始状态及目标状态。机器人集群将载荷由初始位置移动至目标位置，并合理消耗能量和时间，避开或跨越障碍物，视为完成任务。

在这一过程中，各类机器人都将不会拥有全局环境信息，紧靠有限的感知能力或与其他机器人的通信获取外部信息。同时，机器人也将仅具有有限的存储和计算能力，以降低单个机器人的复杂性。机器人集群的协同负载运输主要包含两个过程：负载平衡与包含避障在内的导航移动（见图 7－13）。这意味着机器人集群将首先执行负载平衡，达到平衡状态后，开始向目标方向移动。期间，若有机器人出现故障或能量即将耗尽，机器人集群需要停止作业并重新分配载荷，甚至在系统中重新召集新的机器人加入任务。

图 7－13　轮式机器人团队的协同负载运输和避障

（2）负载平衡

机器人集群将通过自组织的方式实现负载管理，其目标是最小化相邻机器人之间的负载差异。各机器人可能随机被分配在任何可能的位置，需要根据有限的感知和通信能力进行彼此间协调，并朝新的方向运动，以改变自身负载状态。机器人到达新的位置后重新计算负载情况并与其他机器人进行通信，如此反复迭代，最终实现符合力学要求的负载平衡状态。

（3）带负载移动导航

负载平衡完成后，机器人准备向目标方向导航，每个机器人都使用其预加载的关于目标方向的信息进行移动。在运动过程中，以分布式方式控制机器人移动，当某一机器人遇到障碍物时，将向其他机器人发出信号，通知其他机器人障碍物的存在及障碍物的坐标。避障和导航可以根据实际场景选择各自适用的算法。

（4）穿越障碍

模块化机器人与传统机器人相比具有一定的优势，因为它们可以分离，执行单个任务，然后重新连接以执行更复杂的任务。这一优势使得这种类型的机器人能够适应崎岖的地形，从而穿越障碍物（见图 7－14）。了解穿越障碍物的影响很重要，原因有两个。首先，避开障碍物并不总是可能的。模块化机器人应该可以部署到地形未知的环境中。在岩石地形的情况下，几乎不可能避开所有障碍，因为在试图避开所有障碍的情况下，模块化机器人可能永远无法完成最初设定的任务。其次，机器人在部署过程中消耗的能量与它在没有人为干预的情况下可以部署的时间直接相关。因此，我们需要研究并尝试使用模块化机器人系统来解决障碍物和崎岖地形穿越的问题。

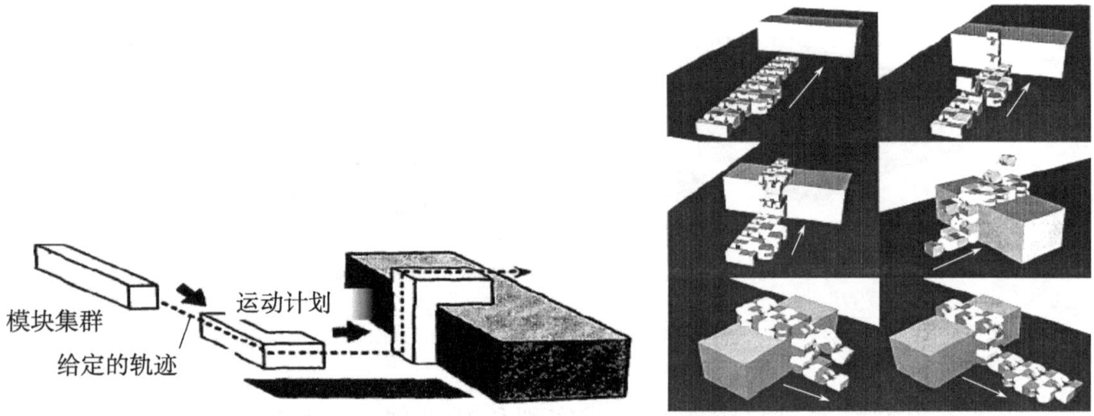

图 7－14　使用 MTRAN 机器人进行障碍物穿越

7.3　模块化机器人生态圈的技术途径

7.3.1　模块化机器人的自组装

自组装的模块化机器人由一系列基本单元或模块组成，每个模块包含执行器、传感器、计算和通信能力。这些模块可以是同质的（所有模块相同）或异质的（包含不同类型的模块以增加多功能性）。

连接机制（Connection Mechanisms）：模块之间通过特定的连接机制相互连接，这些机制可以是磁性、机械锁定、电磁吸附等。这些连接机制使得模块能够在空间中精确对齐并稳定地连接。

规则和算法（Rules and Algorithms）：自组装过程遵循一组预定义的规则和算法，这些规则可以是遗传算法、模拟退火、粒子群优化、序列规划等。序列规划主要解决基础模块装配过程中的移动顺序与装配顺序问题，是确保装配过程不发生冲突的必要环节。由于基础模块的数量、类型及物理参数差异较大，多模块的环境标识和识别、多模块的连接关系匹配、多机器人协同的模块组装等均存在复杂的约束关系。通过智能优化算法设计合理的模块序列生成机制，确保多机器人任务的协调与优化。路径规划主要解决装配过程中多机器人在环境中的位置、姿态运动规划，同时也解决装配机械臂的轨迹规划等问题。装配过程中的环境条件复杂，具有各种非结构化的环境要素和障碍，各类机器人需具备环境理解、任务理解、过程理解的能力，确保彼此之间的冲突消解和动作匹配。这些算法指导模块如何移动、连接和重构以形成所需的结构。

初始配置（Initial Configuration）：自组装通常从一个或多个模块的初始配置开始，这些模块可以是随机分布的或按照特定模式排列的。初始配置决定了组装过程的起点和可能的路径。

动态组装过程（Dynamic Assembly Process）：在组装过程中，模块会根据预定义的规则和算法动态地移动和连接。这个过程可能涉及模块的移动、旋转、锁定和解锁等操作。模块之间的相互作用和协调是组装成功的关键。

目标结构（Target Structure）：自组装的最终目标是形成一个具有特定功能和形态的机器人结构。这个结构的形态可以是一个静态的形态，如桥或塔，也可以是一个动态的形态，如行走或爬行的机器人。

反馈和控制（Feedback and Control）：在自组装过程中，模块可能需要反馈和控制机制来确保组装过程的正确性和稳定性。这可以通过传感器、通信系统和控制算法实现，以监测组装状态并进行调整。

适应性和鲁棒性（Adaptability and Robustness）：自组装的模块化机器人能够适应不同的环境和任务需求。即使在组装过程中遇到障碍或错误，它们也能够通过重新规划和调整来实现目标结构。

AMIRA 等人[12] 在 2022 年提出了层次化组装的概念，层次化组装是一种将小型机器人和大型机器人结合起来，以实现更高效构建过程的方法。在层次化组装中，机器人的组装动作分为：构建、复制和进化三个层次。构建是指构建机器人的某一单元结构，复制是指制造出和自身一致的机器人，进化则是指制造出比自身更高级的机器人。小型机器人首先在构建站点附近构建更高层次的构建块。大型机器人随后拾取这些高层次的构建块，并将它们放置到最终目的地。小型机器人可以构建更大尺寸的机器人，这些大型机器人随后可以执行更高层次的组装任务。这种方法减少了每个小型机器人需要执行的移动次数，从而提高了整体的组装效率。

在层次化组装中，构建序列树是一个关键工具，它可视化了构建块的组装顺序，如图 7-15 所示。构建序列树通过层次化分解来组织构建块。构建块被

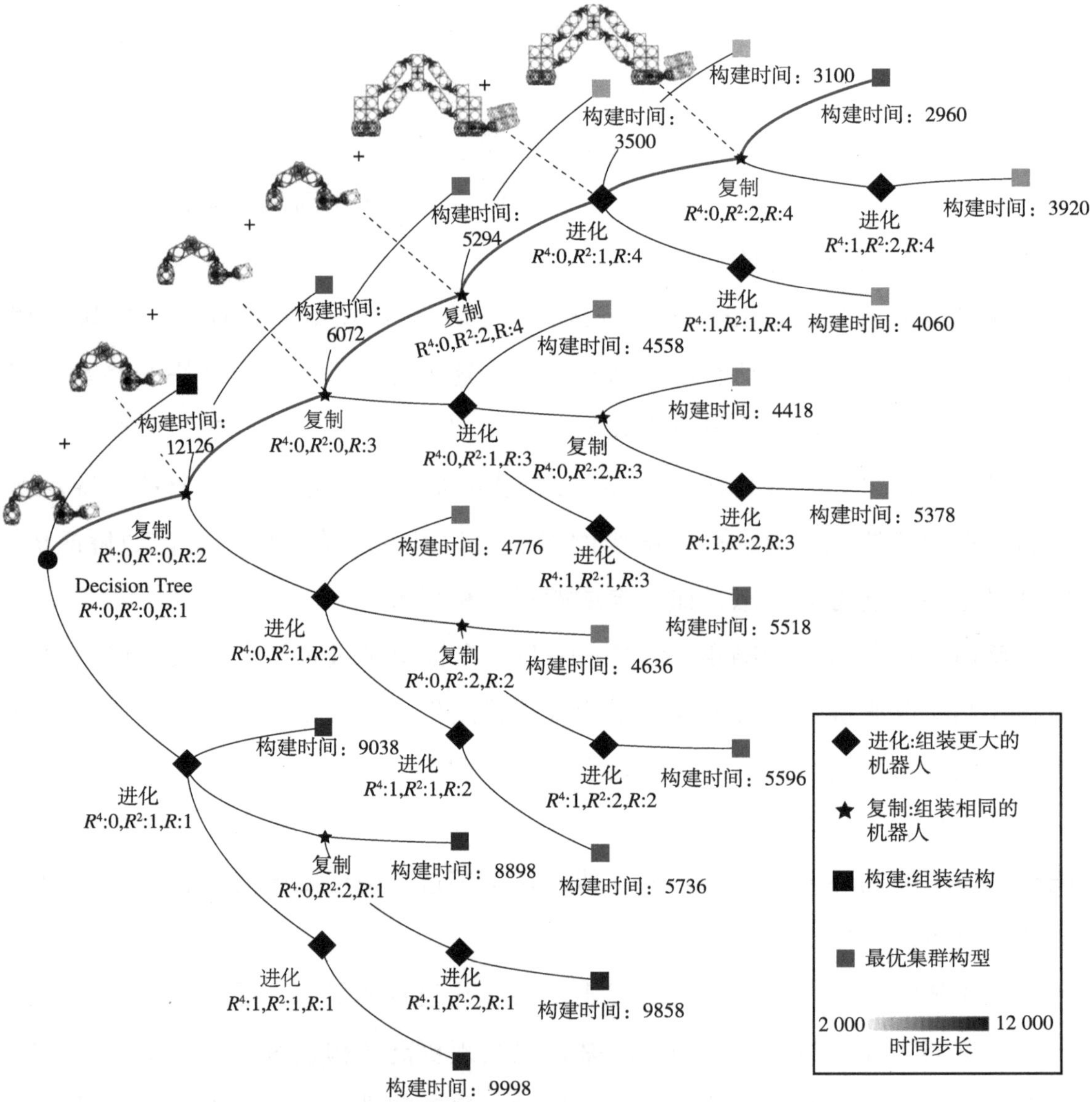

图 7-15　构建序列树[12]（见彩插）

分为多个层（Layer），每一层对应网格中的不同深度或高度。每个层内的构建块按照大小（Size）和有符号距离函数（SDF）值进行进一步排序。SDF 值表示从任何点到网格表面的距离。在构建序列树中，构建块按照从大到小的顺序进行组装，这有助于避免在构建过程中出现悬臂结构。构建序列树允许将构建块分组成多个单元，这些单元中的构建块可以并行构建，从而提高组装效率。例如，所有属于同一单元的构建块可以同时开始构建，这样可以减少机器人等待的时间，提高整体的组装吞吐量。构建序列树还考虑了机器人的移动速度和构建块的重量，以优化路径规划和任务分配。

层次化组装需要中央控制系统（如 A^* 树搜索算法）来确定从拾取站点到目标放置位置的最短路径，同时避免与其他机器人发生碰撞。这包括确定构建块的组装顺序、分配任务给不同的机器人，以及规划路径以避免碰撞。中央控制系统负责处理和离散化输入目标几何形状，生成构建块的构建顺序，并根据可用机器人的数量进行任务分配和路径规划。

7.3.2 模块化机器人的自修复

可重构机器人的自修复是指机器人在部分模块发生故障时，能够自主地识别问题并采取措施修复自身，从而恢复或接近原始功能的能力。机器人首先需要能够检测到系统中的故障模块。模块内置传感器，能够监测自身的状态，检测故障或性能下降。在检测到故障后，机器人能够执行预设的修复程序，如重新配置模块、替换损坏部件等。在这一过程中，相关硬件的设计和运动控制的算法尤为重要。

机器人由多个功能相同或相似的模块组成，这些模块可以相互替换，为自修复提供了基础。首先，使用数学方法，如图论，来描述机器人的拓扑结构，包括模块的空间位置和连接状态。其次，定义模块的基本运动规则，如对接、旋转等，这些规则是自修复过程中模块运动的基础。最后，每个模块都有自己的控制器，能够协同工作以实现整体的自修复。通过开发自修复算法，如有限状态机、启发式搜索或强化学习来指导机器人如何通过模块的运动和重新配置来修复自身。

文献［13］研究了一种新颖的同构式模块化自重构机器人系统，提出了基于图论的数学描述方法来表示模块的空间位置和连接状态，表达全局拓扑结构，分析了自重构机器人系统的模块基本运动，提出了模块运动规则，为自修复算法提供了理论基础。文献［14］设计了一种三维网格型、同构式新型自重构模块化机器人 M－Cubes 系统，提出了一种基于故障模块位置的分布式自修复方法，适用于网格型自重构机器人。该方法能有效解决故障模块处于机器人结构内部时自修复过程的复杂性问题，优化运动路径。文献［15］提出了一种基于强化学习算法的故障自修复方法，针对晶格式模块机器人的鲁棒性设计问题，将自修复过程转化为包含空位的子群模块运动的自重构过程，提出了一种离散方式下的空位移动路径规划，引导空位在系统内穿行。仿真试验结果表明该方法在晶格式模块机器人系统上的有效性，并可广泛应用于其他同构模块机器人系统。

SuperBot 由一系列六边形的模块单元组成，每个单元都能够自主移动并与周围的模块连接或断开[16]。SuperBot 模块单元之间通过机械连接器连接，这些连接器通常包括电机驱动的爪子或夹子，可以实现模块间的稳定连接，如图 7－16 所示。每个模块单元都装有微控制器、传感器和执行器，使得它们能够感知环境、做出决策并执行动作。通过模块间的通信和协调，SuperBot 能够展示集体行为，如集体移动、形态变换和自修复。SuperBot 能够在检测到模块故障时，通过重新配置模块来修复自身，或者通过添加新的模块来替换损坏的模块。

图 7－16　六边形的模块机器人 SuperBot

7.3.3 模块化机器人的自复制

模块化机器人的自复制（Self - Reproduction）是一种高度先进的功能，它允许机器人通过自身的能力来复制自己的组件或整个结构。这种能力是自修复（Self - Repair）的延伸，自修复通常指的是机器人能够修复自身损伤的部分，而自复制则更进一步，机器人不仅能修复损伤，还能生成新的模块或整个机器人。自复制的模块化机器人具有可扩展性、自适应性、冗余性及自主性的关键特点。长期而言，自复制的机器人可能通过不断的复制和变异，展现出某种形式的进化。模块化机器人的自复制可以分为以下几种复制方式。

直接复制（Direct Reproduction）：机器人从分配器中挑选模块，并将它们放置在新位置，逐步从底层构建一个副本。

多亲本复制（Multi - Parent Reproduction）：多个机器人共同产生一个副本，其中一个机器放置模块，而另一个组装这些模块。

自辅助复制（Self - Assisted Reproduction）：正在构建的机器人在构建过程中自重构，以协助自身的构建。

多阶段复制（Multi - Stage Reproduction）：需要临时脚手架来构建目标机器人。这个临时脚手架要么被丢弃作为废物，要么被重新用于生产更多的机器人。

这些方式在模块化机器人系统中实现自复制的过程，使得机器人能够通过简单的规则从无限供应的部件中复制自身。自复制的能力使得机器人能够完成大规模的任务，例如收集太阳能、直接从地球大气中去除温室气体以及为灌溉净化水等。

模块化机器人的自复制技术涉及模块化解构与组合技术研究、多机器人协同装配技术研究等多项内容，具体实施途径如图 7 - 17 所示。基于生物系统细胞-组织-器官的层次化概念，以模块化为核心要素，开展面向自复制的机器人模块化解构与组合技术研究，突破宏观机器人到微观结构单元的解构原理，建立基于有限模块单元的多样化机器人设计和组合方法。开发适用于自复制过程的多机器人协同装配技术，完成任务规划、序列规划及路径规划方法设计，使自复制技术从原理概念走向具体实现。

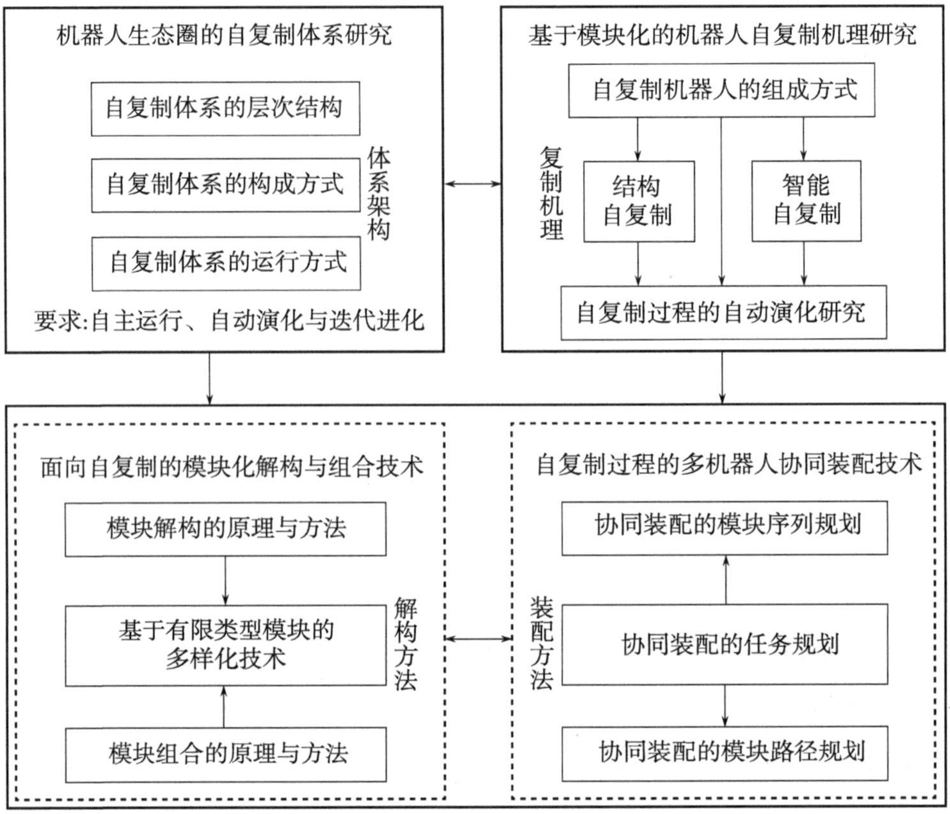

图 7－17　模块化机器人自复制的技术途径

从实际装配的角度，自复制机器人的组成方式是模块化的。即自复制机器人可被完全拆解为各个独立的单元模块，通过多个模块的组织和连接，可形成新的自复制机器人（见图 7－18）。由于自复制机器人并非简单的机械系统，其具备感知、理解和主动控制环境的能力，因此其组成将不仅是机械结构的简单拼接，而包括用于生成智能和运行智能的完整神经系统。对于神经系统，需要研究其智能形成的方式以及智能的传递和复制方式。

（1）结构自复制与智能自复制

结构自复制主要解决结构单元的加工和形成，包括结构单元本身以及结构单元与其他结构单元的电气连接和信号连接等。结构采用模块化方式形成，即结构内部对于机器人整体来说是黑箱，但结构之间的接口具有标准化的设计，以方便装配和更换。结构自复制初步采用 3D 打印技术实现，但对于结构内部

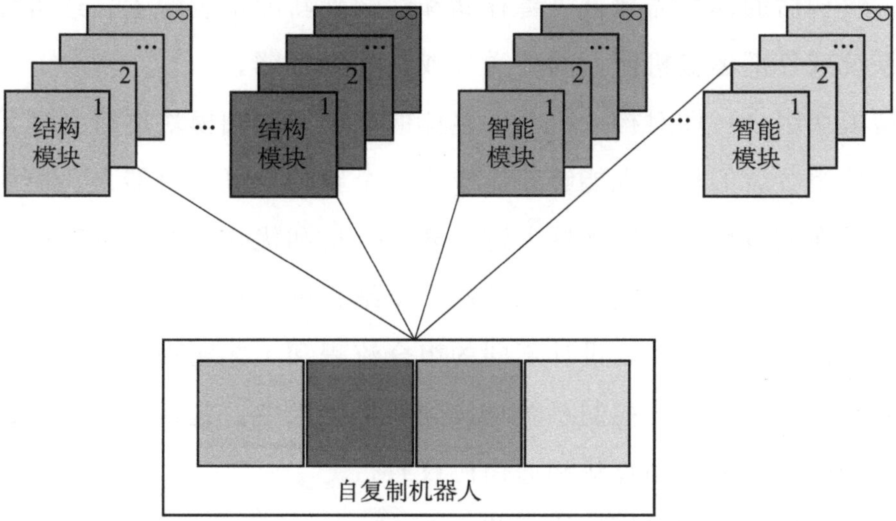

图 7-18　基于模块化的自复制机器人构成原理示意图（见彩插）

更为复杂的精细结构，则可以通过基础模块生成系统，辅以其他加工并配和装配技术实现。

智能自复制主要解决机器人感知、决策与控制智能的形成。机器人的智能以代码形式存储于芯片中，并通过代码复制和芯片制作实现自复制。代码具有优化和升级能力，可以随着机器人的实际操作任务进行学习累积和调整。代码和芯片需要通过专门的信息复制和储存系统进行加工和复制，形成的单元以软件或最小硬件模块的形式保存在环境中，并按需取用和装配。

（2）自复制模块的解构与组合

在模块化机器人系统中，自复制模块的解构与组合是一个复杂的过程，涉及模块的识别、拆卸、重组和控制。

在自复制开始之前，机器人需要识别出哪些模块是可拆卸的，哪些是固定模块。这通常涉及传感器和通信系统，以确定模块的位置和状态。

自复制过程首先需要解构现有的机器人结构。所谓模块解构，即对构成机器人的不同结构按照类型、功能、接口、耦合关系进行合理的分解，从而确保每一个基础模块能够通过已存在的机器人完成加工、装配和组装。解构过程中，应区分机械结构、电气接口、传感器、芯片及计算单元的不同和耦合性。当机器人中包含柔性结构、液体单元等特殊模块时，还需注意解构的合理性和层次性。解构后的模块需要被妥善存储和运输到新的组装位置。这可能涉及内部存储系统或外部运输机制，如传送带或机器人手臂。

所谓模块组合，即对构成机器人整体的数千万基础模块进行合理且优化的组合，并使组合后的机器人能够整体成为一个新的自复制机器人。模块解构和组合技术应在完备性和可实现性上进行充分分析和优化。对于复杂的机器人系统，其基础模块的大小、重量、柔韧性、精细程度千差万别，因此模块组合过程需考虑层次性和差异性，设计不同的组合流程和工艺实现模块装配。在新机器人组装完成后，需要将控制系统集成到新机器人中，包括硬件（如传感器和执行器）和软件（如控制算法和通信协议）。

（3）自复制过程的多模块协同装配

机器人自复制过程的具体执行需要多类型机器人的协同和配合。其中，运输机器人负责将环境资源运输到加工工厂，资源提取机器人负责将环境原材料纯化为构建机器人基础部件的标准材料，加工机器人负责将标准材料加工为基础模块，装配机器人负责将基础模块组合成整体机器人。在每一个环节中，将出现多个机器人或多类型机器人同时协同完成同一任务的场景。

任务规划主要解决自复制过程中多阶段任务的分配与优化，包括不同任务机器人角色、数量、工作量的分配和优化。任务规划是在非结构化的环境条件、子任务耦合约束、现有机器人的能力条件、现有基础模块的配置条件等前提下开展的。任务规划可由生态系统的中心计算系统统一协调，同时结合多机器人的信息交互与协商，采用集中式与分布式相结合的方法实现高效性与鲁棒性的平衡。

在开始装配之前，需要规划装配序列。这涉及确定每个模块的装配顺序和位置，以确保新机器人的结构稳定性和功能性。模块之间的对接和连接是协同装配的关键步骤。需要确保模块之间的连接机制（如磁性、机械锁定或电磁吸附）能够精确对齐并牢固连接。每个模块在装配过程中需要进行功能测试，以确保其在新机器人中能够正常工作。这可能涉及运动测试、负载测试和环境适应性测试。协同装配需要一个集中或分布式的控制策略，以协调多个模块的动作。这可能涉及高级的控制算法，如遗传算法、粒子群优化或神经网络。在装配过程中可能会出现错误或故障，如模块损坏或连接失败。需要具备错误检测和恢复机制，以确保装配过程的鲁棒性。此外，在装配过程中，可能需要备用模块来替换损坏或故障的模块。这需要在设计阶段就考虑到模块的冗余性和可替换性。

因此，整个自复制过程中的多机器人任务规划、装配序列规划、协同控制策略、模块冗余与替换等问题需要重点解决，如图 7 - 19 所示。

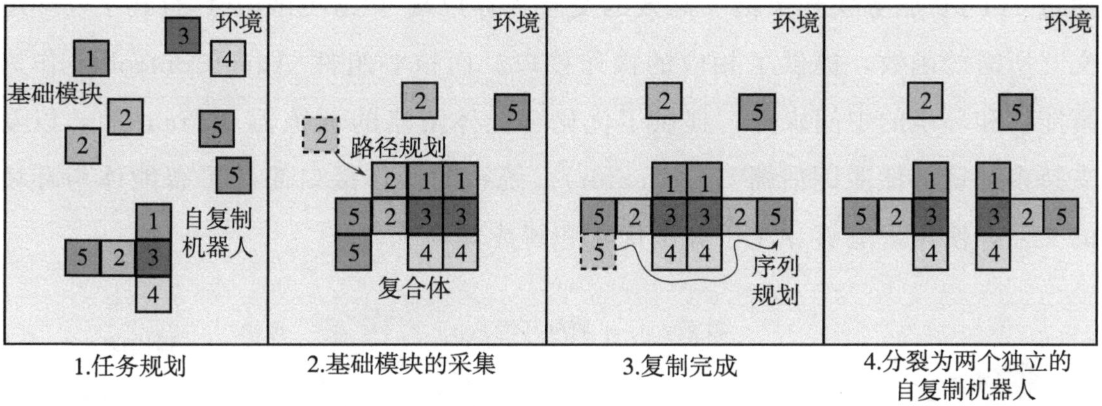

图 7 - 19　自复制过程示意图（见彩插）

7.3.4　模块化机器人的自进化

模块化机器人系统的自维持技术、自复制技术将有效延长机器人寿命和模块化机器人系统的工作时间。但随着环境的不断变化或任务的不断升级，固有的机器人功能和工作模式将面临一系列制约，需对模块化机器人系统的相关组成部分或工作模式进行升级。受自然界生物进化启发，将生物遗传进化过程中的基因突变、自然选择等机制应用于模块化机器人系统领域，使机器人系统具备进化的能力，将有助于提高机器人系统对环境的适应能力，更好地开展长周期、无人化作业。模块化自重构机器人需要具备先进的感知能力和运动规划算法，以适应复杂环境并执行精细任务。研究团队计划提升机器人的感知能力、模块间的异构化及自重构运动规划的算法，以进一步拓展其功能和应用范围。

复旦大学开发的 AgentGym 平台[17]，实现了大语言模型智能体的自进化能力，包括数据采样、训练微调、自进化和能力评测的全流程。随着基础能力的掌握，AgentGym 平台不仅可以通过与不同环境的交互，持续学习和适应许多先前未见的任务，还能从自身经验及外部反馈中汲取丰富的智慧，发展出一定程度的泛化能力，如图 7 - 20 所示。AgentGym 平台提供了 14 种环境和 89 项任务类型，允许智能体动态且全面地进行交互、训练，支持智能体在多样化环境中进行自进化。AgentGym 平台采用模块化设计，开发者可以轻松添加或更改环境，如图 7 - 21 所示。环境被部署在不同的服务器（EnvServers）上，通过 HTTP 服务实现灵活、高效的交互。客户端（EnvClients）封装了与环境交互所需的函数，提供了相应的操作接口。而核心组件 AgentController 作为智能体和环境的中间媒介，提供了优化智能体策略的训练器（Trainer），以及支持多环境的性能评估器（Evaluator）。统一的操作接口简化了智能体与环境的交互，使用户能够专注于算法优化和智能体训练。

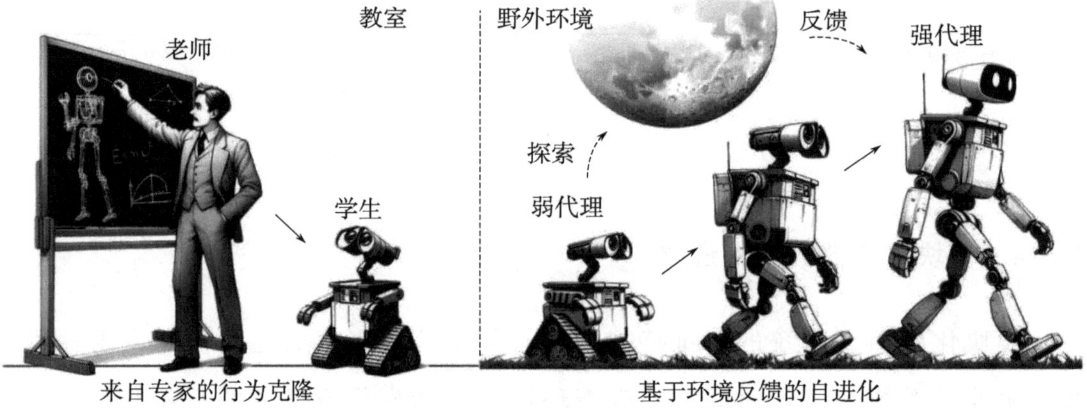

图 7 - 20　基础通用智能体实现自进化的示意图

此外，模块化机器人的自进化也包括了自组装、自重新配置、自修复和自复制等行为，这些特性使得模块化机器人能够探索非结构化和危险环境。进化算法在生成模块化机器人行为方面起着关键作用，它们能够设计出适应特定任务并适应环境变化的自适应机器人。

总的来说，模块化机器人的自进化是一个结合了人工智能、机器学习和进化计算的跨学科领域，它旨在开发出能够自主学习和适应复杂任务的智能系统。随着技术的进步，这些智能体的潜力和应用范围将不断扩大。

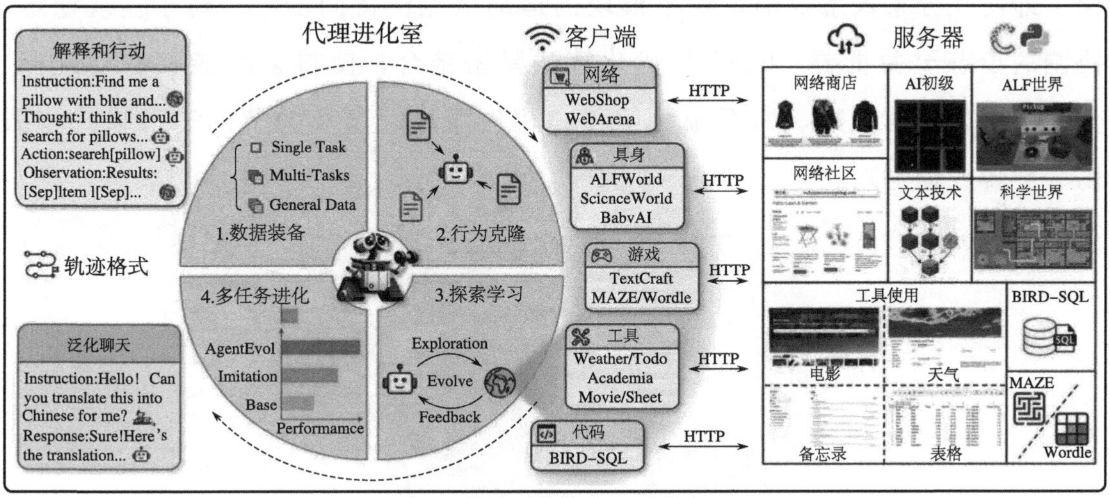

图 7－21　AgentGym 平台示意图

7.4　模块化机器人的应用

7.4.1　典型模块化机器人

洛桑联邦理工学院的一群研究者开发了模块化机器人 Roombots 项目[18]：一个能够像有腿的机器人一样移动的家具世界，并根据我们的需求改变形状和功能（如变成椅子、凳子）。Roombots 具有旋转自由度和主动连接机制以实现运动时重配置，如图 7－22 所示。这些模块通过激活旋转关节一起实现运动步态，并通过模块的连接和分离序列改变形状。Roombots 模块具有三个自由度。模块由 3D 打印的 ABS 塑料件和玻璃纤维板制成，质量大约为 1.4 kg，包括电池电源，可支持大约 30 min 的连续驱动。在 Roombots 扩展项目中，利用 12 个模块（36 个自由度）进行了自重新配置、自主移动家具、操作和抓取对象、人机交互等任务[19]。

在 Roombots 项目中，用中央模式生成器（CPG）控制 Roombots 模块的运动。每个模块都有一个 CPG，这些 CPG 通过耦合振荡器网络的形式实现，可以产生旋转或振荡的关节角度信号，从而控制模块的运动。CPG 的设计确保了即使在分布式系统中，各个模块的运动也能保持同步。这对于实现稳定、协调的步态至关重要。CPG 与优化算法紧密结合，使得系统能够自动选择、分配和优化控制参数，如振幅、偏移和相位滞后，以及关节的三种模式（振荡、旋转或锁定）。

图 7 - 22　Roombots 机器人模块

香港中文大学（深圳）理工学院林天麟教授团队设计一种受陆地蜗牛启发的机器人群体系统，该系统专为非结构化环境设计[19]。单个蜗牛机器人的设计灵感来自陆地蜗牛，如图 7 - 23 所示，特别是其独特的解剖结构，如球形外壳和足部。这些特征使得蜗牛能够攀爬墙壁、克服障碍物并穿越不平坦的表面。蜗牛机器人使用磁嵌入轨道作为主要推进机制，使其能够在其他机器人的球形外壳上自由移动。这种设计减少了结构和控制的复杂性。机器人的磁轨道不仅提供了移动能力，还允许机器人在需要时通过磁力附着在其他机器人上。

蜗牛机器人的连接机制包括一个可伸缩的真空吸盘，配备定向聚合物茎（DPS），用于在需要时增强连接强度。蜗牛机器人群体能够执行多种任务，如组装/拆卸、自重构、流动、操纵、运动和支持。这些任务需要机器人在自由模式和强模式之间切换。

在自由模式下，蜗牛机器人依靠嵌入磁铁的轨道实现自由移动。这种模式下的连接强度适中，蜗牛机器人可以执行偏航（Yaw）、滑动（Sliding）和模块

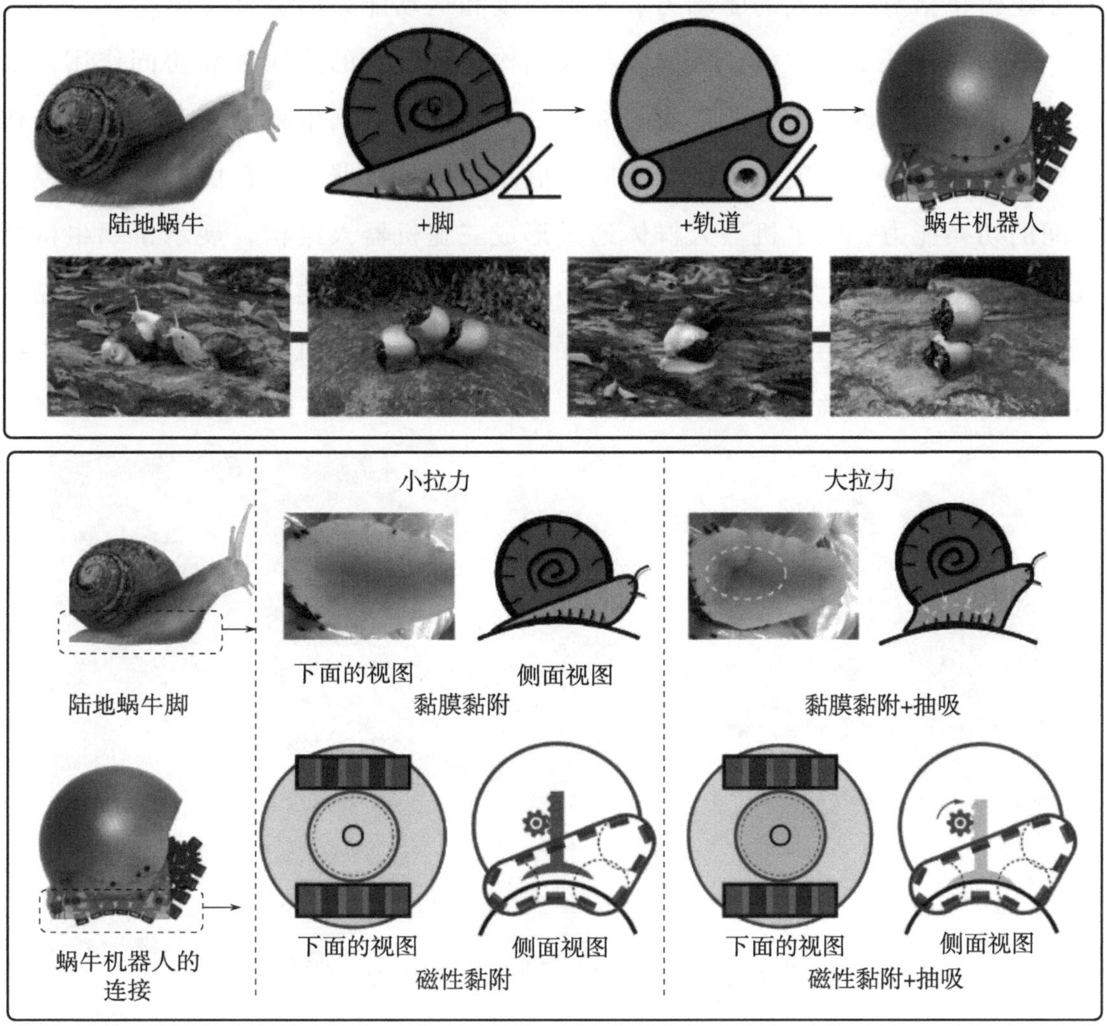

图 7－23　从蜗牛到蜗牛机器人

间转换（Transitioning）等动作，适用于蜗牛机器人在其他蜗牛机器人表面自由移动的任务。

在强模式下，蜗牛机器人使用真空吸盘和定向聚合物茎形成牢固的连接。这种模式适用于需要机器人形成稳定结构的任务，如跨越障碍物或进行物体操纵。机器人在强模式下可以提供更大的垂直抗力和偏航驱动力矩，支持更复杂的操作。

蜗牛机器人根据任务需求在自由模式和强模式之间切换。例如，在需要机器人连接成更大的结构时，它们会切换到强模式以增强连接强度。模式切换的控制逻辑包括对机器人的驱动力、连接强度和运动能力的综合考虑。

研究者验证了蜗牛机器人群体在非结构化环境中的适应性和协同作用，展示了其在现实世界应用中的潜力，如图 7 - 24 所示。蜗牛机器人群体通过合作攀爬高度为机器人高度 1.5 倍的石阶，展示了蜗牛机器人在自由模式和强模式之间的切换能力。蜗牛机器人群体通过形成三腿机器人结构，展示了蜗牛机器人群体在粗糙地形上的运动能力。蜗牛机器人群体合作建造桥梁，展示了在强模式下形成的悬臂结构的稳定性。蜗牛机器人群体形成机械臂，展示了蜗牛机器人进行物体操纵的能力。

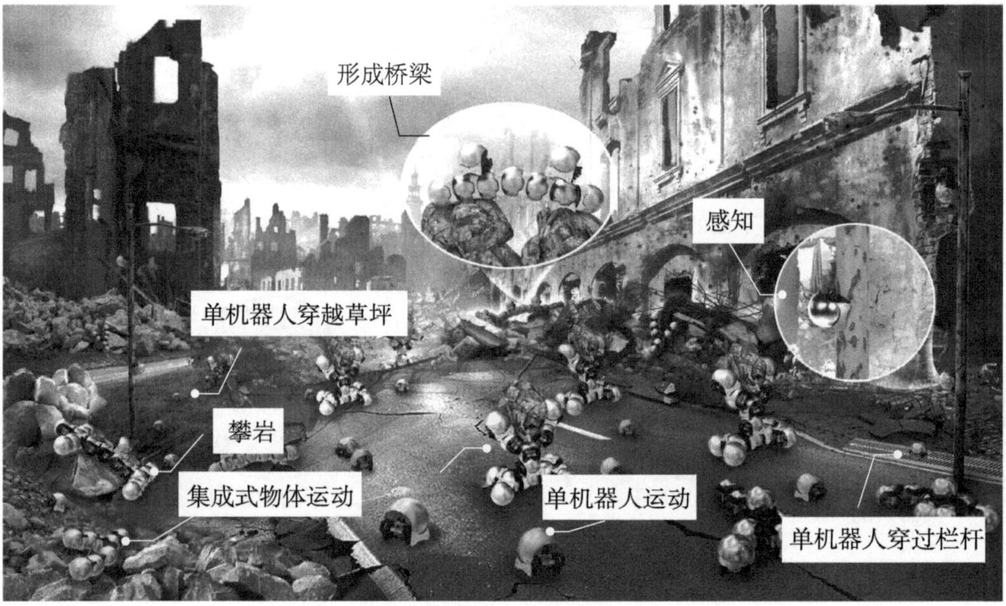

图 7 - 24　蜗牛机器人集群系统的应用能力

7.4.2　模块化机器人的关键问题

以下是模块化机器人的几个关键问题。

（1）运动学与工作空间

模块化机器人的运动关节活动自由度，包括平移、滚转和俯仰，是构建其工作空间的基础。然而，如何合理组合这些自由度以覆盖更广泛的工作空间，同时避免关节数量过多导致的系统复杂度增加，是一个亟待解决的问题。

为实现高效的工作空间覆盖，建议采用优化的自由度配置策略。至少三个自由度的组合是基本需求，但应根据具体任务需求进行定制化设计。通过数学建模与仿真分析，评估不同自由度组合下的工作空间覆盖度和系统复杂度，从而确定最优配置。此外，引入智能算法进行动态调整，以适应环境变化和任务变更。

（2）控制与通信

MSRR 系统需要高效的电子设备来控制模块机动、感知环境并与其他模块通信。分布式系统的特性要求每个模块具备独立的控制能力和稳定的通信链路。然而，模块间的信息交换和协同控制面临诸多挑战，如通信延迟、信号干扰等。

采用微型控制器作为每个模块的控制核心，实现精确的控制输出。同时，设计轻量、紧凑且适合移动机器人使用的供电系统。在通信方面，利用先进的无线通信技术，如蓝牙、Wi-Fi 或 Zigbee 等，结合高效的调制解调器，确保模块间信息的实时传输。此外，引入容错机制和冗余设计，提高系统的鲁棒性和可靠性。

（3）对接与解对接

模块间的对接与解对接是 MSRR 系统实现重构和变形的基础。然而，在实际操作中，由于环境复杂性和对接面难以对准的问题，对接过程往往具有挑战性。采用多传感器融合技术，如接近传感器、触觉传感器和红外传感器等，提高模块间的定位精度和对接成功率。通过算法优化和智能控制策略，实现对接过程的自动化和智能化。同时，设计易于对准的对接接口和灵活的对接机构，以适应不同形状和尺寸的模块。

（4）运动与协同

机器人系统要完成复杂任务，不仅需要保持连续且稳定的运动能力，还需要各机器人及模块间进行高效的协同配合。然而，协同过程中的信息同步、决策制定和冲突解决等问题往往难以解决。借鉴自然界中生物有机体的合作机制，如蚂蚁搬运、白蚁筑巢等，设计基于群体智能的协同控制策略。通过分布式决策和自组织行为，实现机器人及模块间的有效协同。同时，引入多目标优化和博弈论等理论方法，解决协同过程中的冲突和竞争问题。此外，加强模块间的信息共享和通信协作，提高系统的整体性能和效率。

参 考 文 献

［1］ YIM M, ROUFAS K, DUFF D, et al. Modular reconfigurable robots in space applications [J]. Autonomous Robots, 2003, 14 (2-3): 225-237.

［2］ YIM M, SHEN W, SALEMI B, et al. Modular self-reconfigurable robot systems: challenges and opportunities for the future [J]. IEEE Robotics and Automation Magazine, 2007, 14 (1): 43-53.

［3］ MURATA S, TOMITA K, YOSHIDA E, et al. Self-reconfigurable robot module design and simulation [C] //International Conference on Intelligent Autonomous Systems. 2000.

［4］ OSTERGARD E H, KASSOW K, BECK R, et al. Design of the ATRON lattice-based self-reconfigurable robot [J]. Autonomous Robots, 2006, 21 (2): 165-183.

［5］ SHEN W M, KOVAC R, RUBENSTEIN M. SINGO: a single-end-operative and genderless connector for self-reconfiguration, self-assembly and self-healing [C] //IEEE International Conference on Robotics and Automation. 2009.

［6］ RIDAO P, CARRERAS M, RIBAS D, GARCIA, R. Visual inspection of hydroelectric dams using an autonomous underwater vehicle [J]. Journal of Field Robotics, 2010, 27 (6): 759-778.

［7］ TU Y, LIANG G, LAM T. FreeSN: a freeform strut-node structured modular self-reconfigurable robot: design and implementation [C] //Proceedings of the IEEE international conference on robotics and automation (ICRA). New York: IEEE, 2022.

［8］ 林天麟，罗浩波，涂宇啸，等. 自重构机器人探索地外熔岩管的应用前景 [J]. 前瞻科技，2024，3 (1)：74-85.

［9］ PARK S. Stable rolling locomotion for variable topology truss robot [D]. Seoul: Seoul National University, 2020.

[10] OUNG R，D'ANDREA R. The distributed flight array：design，implementation，and analysis of a modular vertical take－off and landing vehicle [J]. International Journal of Robotics Research，2014，33 (3)：375－400.

[11] PAULOS J，ECKENSTEIN N，TOSUN T，et al. Automated self－assembly of large maritime structures by a team of robotic boats [J]. IEEE Transactions on Automation Science and Engineering，2015，12 (3)：958－968.

[12] ABDEL－RAHMAN AMIRA，CAMERON C，JENETT B，et al. Self－replicating hierarchical modular robotic swarms [J]. Communications Engineering，2002，1 (1)：1－10.

[13] 费燕琼，张鑫，徐磊．自重构机器人系统自修复的拓扑空间及运动规则描述 [J]. 上海交通大学学报，2009，43 (3)：490－493.

[14] 张鑫，邱昭鹏，费燕琼．自重构模块化机器人的自修复算法 [J]. 高技术通讯，2008，18 (1)：42－46.

[15] 管恩广，王尧，曹家彬，等．基于强化学习的模块机器人故障自修复方法 [J]. 中国民航大学学报，2023，41 (1)：53－57.

[16] SALEMI B，MOLL M，SHEN W M. SUPERBOT：A Deployable，Multi－Functional，and Modular Self－Reconfigurable Robotic System [C] //2006 IEEE/RSJ International Conference on Intelligent Robots and Systems. 2006：3636－3641.

[17] XI Z H，DING Y W，et al. AgentGym：Evolving Large Language Model－based Agents across Diverse Environments [J]. arXiv：2406.04151.

[18] SPRÖWITZ A，et al. Roombots：Reconfigurable Robots for Adaptive Furniture [J]. IEEE Computational Intelligence Magazine，2010，5 (3)：20－32.

[19] HAUSER S，et al. Roombots extended：Challenges in the next generation of self－reconfigurable modular robots and their application in adaptive and assistive furniture [J]. Robotics & Autonomous Systems，2020 (127)：103467.

第 8 章　机器人生态圈的未来应用

8.1　工业生产与自动化

8.1.1　自维持机器人在制造业的应用

自维持机器人指的是在机器人生态圈中，能够对周围机器进行故障检测，并进行一定程度修复的机器人，在此过程中无需频繁的人工干预，能够减少因设备故障导致的停工时间，降低人力维护的成本。

在制造业中，自维持机器人正深刻影响着机器的运作方式。自维持机器人能够对工厂中的机器进行维护，通过集成各类传感器，对机器人的运行状态进行持续监测，包括机械部件的磨损情况、电气系统的稳定性、软件运行状况等。检测到异常情况时，机器人能够立即进行诊断，并执行更换零件、补给能源、喷涂补漆等基本维护保养任务。

在机器人的修复中，自维持机器人能够通过计算机视觉技术，识别零件的形状、尺寸、缺陷位置，并将结果进行三维建模，在局部区域进行漆膜修复，以延长机器人使用寿命[1]。机器人金属表面的修复可以利用移动式非刚性支撑搅拌摩擦焊（FSW）机器人，采用有限元分析，并结合可旋转伸缩臂单元与花瓣状切割板结构设计，确保机器人能精准施加必要的顶锻力，有效控制焊接过程中的变形[2]。机器人可以利用导电聚合物传感器对电流波动进行检测，以此为依据诊断机器自身潜在的损坏状况，结合使用导电自愈材料，能够对受损的零件和电源实施主动或被动的自修复[3]。自愈通用夹具（SHUG）利用柔性材料，对不同类型的物体进行安全有效的抓取，有极高的作业适应性，通过将钢球颗粒封闭在自愈合聚合物膜内，结合热可逆的共价狄尔斯-阿尔德键技术，同时通过闭环温控系统，利用嵌入式热电偶和焦耳加热器精准调控愈合过程，使夹具可以从划伤、刺穿等日常磨损中复原[4]。这种自动修复能力使得机器人在检测到故障或轻微损伤时能够立即采取措施进行自修复，无须等待人工干预，从而大大减少了因维修导致的生产中断时间，保持生产线的连续运行，减少了因设备维护造成的延误，有助于提升整体的生产效率，确保生产计划的按时完成，提高产能。同时，自维持机器人有助于延长设备的使用寿命，减小设备更换频率，间接减少了资源消耗和废弃物产生，符合可持续发展的要求。由于对机器的检测维修是一种重复性工作，自维持机器人能够辅助或替代人工进行检修，有效降低人力成本。

在生产制造的过程中，自维持机器人能够实时监控加工过程，根据生产环境中温度、湿度等条件的变化，自动调整机器人的工作模式和参数设置，及时为机器人补充燃料、电能等物质和能源，确保机器人维持最佳工作状态。同时，检测加工过程中出现的误差，自动修正机器人的位姿，调整对产品的加工参数，确保高精度生产过程的稳定性，降低废品率。此外，将生产过程中的废料进行回收利用，提高资源利用率。

在制造业中，自维持机器人的应用如图 8 - 1 所示。

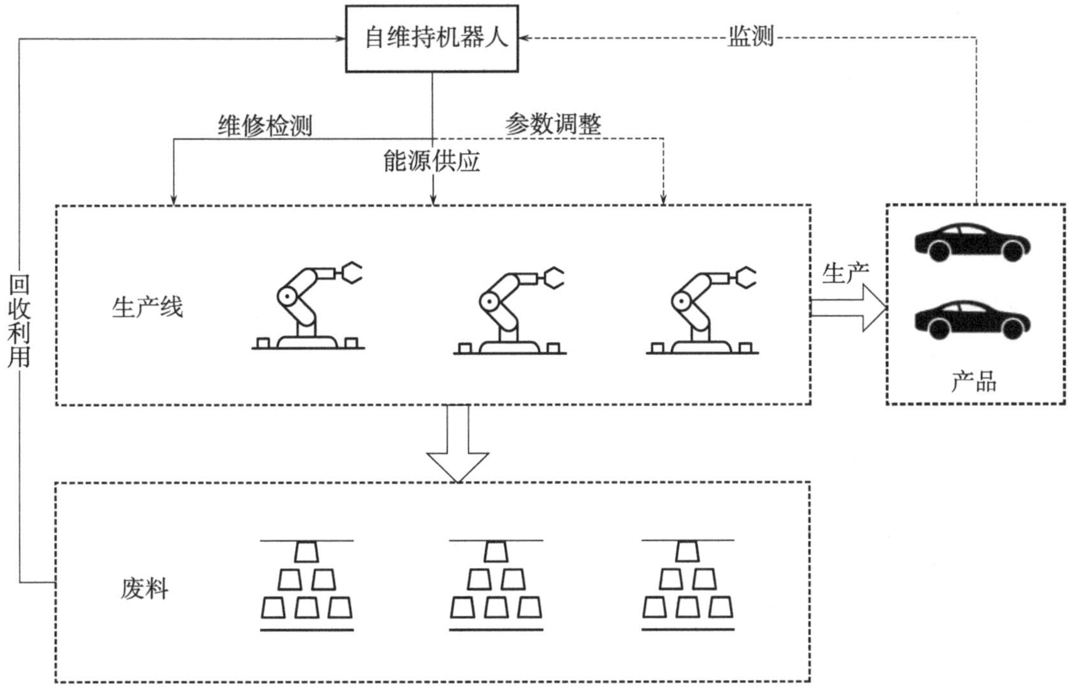

图 8 - 1　自维持机器人在制造业中的应用

8.1.2 自复制机器人的生产线设计

自复制机器人的核心在于其高度的模块化设计，每个机器人由一系列标准化、可替换的组件构成，包括动力系统、感知模块、处理单元、执行结构等，为了提高复制效率和系统的自复制能力，模块应尽可能简化，减少每个模块的复杂度，同时保证整体功能的完整性，从而快速实现“复制—部署—生产”的循环机制。机器人通过自复制机器人复制自身，生成新的机器人个体，新生成的机器人经过简单的初始化后，即可被部署到生产线上，参与生产活动。通过这种方式，投入使用的机器人数量可以迅速增加，以满足生产需求。

要实现机器人的自复制，首先需要获取制造所需的原材料和能量，这一环节可通过两种途径完成：机器人可以自主探索周围环境，利用传感器识别特定矿物质或能源，对可用的资源进行收集；通过人工进行补给，包括经过预处理的材料和能源。基于收集到的资源，机器人利用3D打印等高精度的制造技术，将原材料转化成精确的机械组件、电子模块以及动力系统部件。3D打印技术的优势在于它能够直接从三维模型中构建物体，因此可以根据复杂的设计图纸，迅速制造出含有精密结构的零件，比如定制化的齿轮、电路板或微型马达。这一过程要求高度的自动化与精确控制，以确保每个部件都能达到预定的功能标准。再根据预设的指令和机制，通过机械臂或模块间的自组装机制，将制造好的模块组装在一起，形成完整的机器人，以实现机器人动力学模型的组装。机器人将执行任务所需的信息传递给新制造的机器人，验证其自复制过程的准确性，确保系统迭代的可靠与高效。新机器人将自动执行一系列测试，以验证其各部分是否按预期工作，确保新机器人顺利投入生产工作中[5]。自复制机器人的生产流程如图8-2所示。

8.1.3 自进化机器人的优化与维护

自进化机器人凭借其内置的机器学习算法，能够灵活应对生产环境的变化和多样化的任务需求，实现自主的学习和工作策略优化。它们能够自动调节行为模式，如运动路径规划、抓取力度、移动速度等，以达到最佳的工作性能。

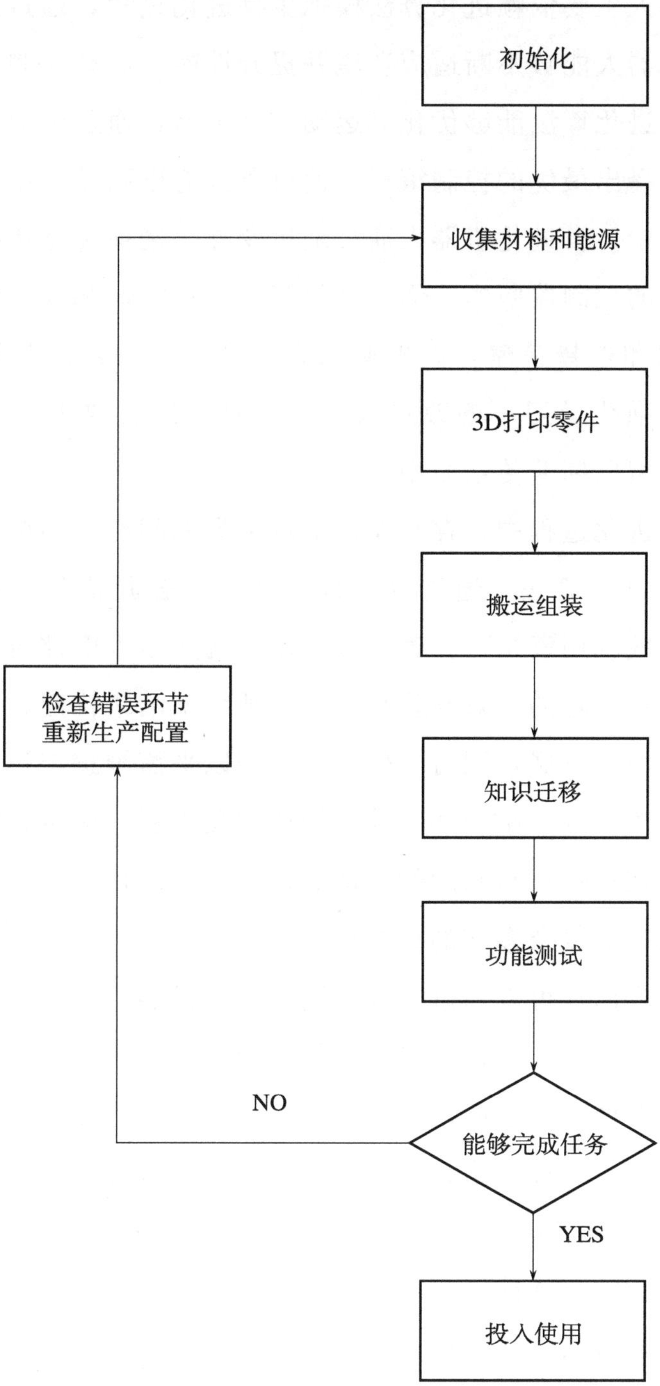

图 8－2　自复制机器人的生产流程

例如，当面对不同材质的工件时，机器人能够通过学习智能调整抓取力度，保护物料不受损害，同时提升工作效率。

自进化机器人主要依赖进化算法模拟生物进化过程，通过选择、交叉、变异等操作，使机器人能够不断适应环境并提升性能。运动控制是机器人实现自主运动的核心，进化算法能够优化其运动控制策略，通过生成和验证不同的控制参数组合，选择出最优的控制策略，使机器人能更高效、稳定地完成各类任务。在优化过程中，自进化机器人通过随机变异、选择和遗传控制器参数，以产生更适应环境的控制器版本。为了确保算法的稳定性和高效性，需要调整变异率、交叉概率和选择策略，以平衡探索与利用的关系。此外，在进化过程中，机器人通过强化学习不断改进其行为表现，这就要求算法既能处理新信息，又能将经验编码回遗传物质中。

在机器人自进化过程中，存在遗传信息丢失的问题，为解决该问题，可以使用名人堂（HOF）算法，通过设计智能算法动态调整名人堂大小，依据控制器性能变化有效利用资源，完善驱逐策略，融入多维度评价指标和遗传多样性考量，确保进化过程的高效与公平。深化独特型网络构建，引入创新遗传算子促进控制器差异化发展，同时优化资源分配以平衡维护与进化需求。实施实时监控与策略反馈机制，结合并行计算加速进化进程，减少计算成本。引入自适应学习策略，把握探索与利用的平衡点，推动自进化机器人系统持续向最优性能进化，灵活适应复杂多变的任务环境[6]。

在物理进化方面，可以通过生成不同形状的机器人模型，利用遗传算法技术生成一系列机器人结构设计方案，包括机器人的形状、尺寸和材料组合，探索机器人结构的多样性。按照设计的结构对机器人进行组装，在实际环境中进行性能测试，包括机动性、耐久性和能效等方面，对各个设计方案的性能指标进行量化评估，采用多目标优化算法，考虑效率、稳定性、灵活性等多个维度，选择出综合性能最优或针对特定任务表现最佳的设计方案。将最优的机器人作为父模型，通过遗传算法引入变异和交叉，生成新的一代设计方案。变异可以是随机改变某些结构参数，而交叉是结合两个或多个优秀设计的特点，产生新的结构设计方案，从而保证设计多样性和创新性。重复以上过程，每一轮迭代都基于前一轮的最优解进行，逐步淘汰性能较差的设计，保留并优化高性能设计。经过多轮迭代，机器人的物理结构将逐渐适应特定环境和任务要求，达到或接近理论上的最优解。

维护自进化机器人是一项全面的工作，要求持续监控并优化机器学习的核心算法，保证其学习效率、稳定性和对环境变化的适应性，同时还涉及硬件结构的灵活性与耐用性维护、软件控制系统的任务适应性升级，以及确保整体运行的安全性和工作效率。自进化机器人需要具备自更新和升级的能力，需要机器人定期评估自身学习算法的有效性，及时调整学习策略以适应环境动态变化，确保机器人能快速掌握新任务并优化既有技能。

自进化机器人的模块化设计便于结构调整和功能升级，维护工作中需重视硬件组件的耐用性检查、适应性评估，以及适时的硬件模块替换或升级，以维持最佳性能表现。定期进行硬件清洁、磨损检查和零件更换，减小故障发生概率，同时，优化能源管理系统，确保机器人能源供给稳定，延长运行时间并提高工作效率。构建全面的安全防护体系，集成安全传感器监测潜在威胁，实施智能避障策略。为了确保机器人的安全运行，需要设计相应的安全防护和应急处理机制，配置紧急停止机制和自动断电保护，能应对突发情况，在危机时刻迅速响应，保护机器人和周围环境安全。

8.2　环境监测与保护

8.2.1　机器人在生态监测中的作用

机器人装备有各种传感器，如温度、湿度、光照强度、风速、气压、土壤 pH 和盐分含量传感器等，可以连续、精确地收集环境数据。这些数据对于理解生态系统的健康状态、气候变化影响及生物多样性分布至关重要。水下机器人可以监测河流、湖泊、海洋的水质参数，如溶解氧、浊度、化学需氧量、营养盐浓度等，以及水流速度、水位等水文特征，帮助评估水体污染程度和生态系统健康[7]。空中机器人可以搭载空气质量监测设备，实时监测大气中的颗粒物、有害气体浓度等，尤其适用于大范围、难以人工到达区域的监测。

此外，机器人可以携带容器和采样工具，对土壤、水样或空气样本进行收集，能够确保样本的定期和系统性收集，提高数据的一致性和可靠性。在某些环境恶劣或难以接近的区域，如深海、高山或污染严重的地区，机器人能够安全地部署并收集样本，有效避免了人工采集的危险性。与人工采样相比，机器人采样减少了人为因素引起的误差，因为它们按照预设的程序进行操作，不会受到疲劳、情绪或其他人为因素的影响，且机器人能够连续工作，不受时间和天气的限制，确保了采样的连续性和效率。

机器人具备持续的数据收集能力，能够形成时间序列数据，并将这些数据安全地存入数据库中。这些时间序列数据对于分析环境变化趋势、预测未来可能出现的生态问题至关重要。机器人通过结合人工智能算法，能够实时分析收集到的数据，迅速识别出异常变化，并立即发出预警，实现智能分析与预警功能。这种即时反馈为环境管理和政策制定提供了有力支持，有助于决策者迅速应对环境问题，制定针对性的解决方案。此外，机器人收集的大量环境数据和样本还能为科研人员提供宝贵的实验材料，极大地推动了环境科学、生态学等相关领域的研究进展。

8.2.2　环境保护的机器人解决方案

环境保护机器人可以用于植被修复，主要集中在植树造林、草地恢复、荒漠防治等方面。植被修复机器人采用履带式或特殊设计的轮胎底盘，以适应湿地、沙地或泥泞地带的复杂地形，使用机械臂和工具可以根据不同的植被修复任务进行更换，比如钻孔、种植、灌溉、覆土、除草和施肥等，确保植物的稳固生长。机器人内置嵌入式系统，通过传感器和摄像头收集环境数据，如土壤湿度、pH、光照强度和植被覆盖度，然后利用AI算法分析数据，自动调整修复策略，根据土壤条件选择最合适的种植深度和间距，以提高植物存活率。同时，机器人可以通过远程服务器进行数据统计和分析，实现人机交互，便于监控和调整作业计划。利用GPS、惯性导航系统（INS）和机器视觉技术，机器人能够在广阔的区域中自主导航，精确定位到需要修复的地点，在没有明确路径指示的复杂环境中也能高效作业。

环境保护机器人可以用于灾害应对，对于森林火灾，装备有红外热成像相机的无人机可以定期巡逻林区，利用热感应技术在火灾初期即探测到高温点或火源，在夜间或烟雾环境下也能准确识别火情。这些信息可以即时传回指挥中心，帮助快速启动灭火措施，防止火势蔓延。安装在高海拔或战略位置的固定翼监测机器人可以提供广域视野监控，利用 AI 算法分析图像数据，及时发现异常热点，提升预警系统的准确性和响应速度。地面灭火机器人能够直接进入火场，使用水、泡沫或其他灭火剂进行精准喷射，通过装配 GPS 导航、避障传感器和温度监测系统，机器人能够在复杂地形和高温环境中自主或遥控操作，降低消防人员的直接风险。大型无人机可携带大量灭火剂，直接飞往火源上方进行高空投掷或喷洒，尤其适用于难以接近的山火区域，无人机的灵活性和载重能力使其成为灭火行动中的重要辅助力量。火灾过后，机器人被派往灾区评估损害程度，包括植被破坏、土壤侵蚀和生态系统影响等。它们运用多光谱成像、激光雷达等技术，生成高精度地图和 3D 模型，为后续的生态恢复计划提供科学依据。

环境保护机器人可以用于垃圾回收，通过自动化分类、分拣和处理，极大地提升了废物管理的效率和精确度。机器人装备有高清摄像头和多种传感器，用于捕捉垃圾的图像信息。利用图像处理和机器学习算法，对收集到的图像数据进行实时分析，识别垃圾的种类，如可回收物、有害垃圾、湿垃圾、干垃圾等，通过对大量预标记垃圾图片的学习，机器人能够学习并提取垃圾的特征，并基于这些特征进行分类判断。识别到垃圾后，机器人会根据其位置信息，调动机械臂伸展到目标位置，通过特制的夹持器或吸盘拾取垃圾。机械臂具有高自由度，可以适应各种角度和位置的垃圾拾取，包括狭小空间或不易触及的区域，拾取过程中，机器人会根据垃圾的大小、重量和材质调整抓取力度，避免损坏垃圾或周围环境。机器人配有不同类型的垃圾容器，根据分类识别的结果，将拾取的垃圾投放到对应的容器中，以提高回收物品的质量和回收率，促进了循环经济的发展。

环境保护机器人可以用于污染治理，监测和治理空气、水体及土壤污染等。例如，水下机器人可以深入湖泊、河流底部，收集水样，分析污染物浓度，或直接参与清除水底垃圾和有害藻类。磁性微型机器人可用于水的净化，从生活中常见的马铃薯皮等有机废弃物中提取原材料，利用这些废弃物作为前驱体制备碳点（C－Dots），随后将C－Dots用于对氧化铁（Fe_3O_4）纳米颗粒进行功能化，形成催化磁性微机器人。氧化铁提供了必要的磁性，便于收集和再利用，而C－Dots则增强了催化性能。在无外力搅拌的情况下，这些微机器人能够借助过氧化氢作为燃料，在水中自主推进，并催化降解有毒的极性水溶性工业染料。机器人能处理复杂的染料混合物，并且在多次使用后仍保持高效，具有良好的稳定性和耐用性，能够有效解决水的污染问题[8]。空气净化机器人则可以在室内或特定区域移动，监测空气质量并采取措施减少PM2.5、有害气体等污染物。此外，还有一些机器人被设计用来清理工业废料、化学泄漏等复杂污染场景，通过精确控制减少二次污染风险。

环境保护机器人可用于生态维持，消灭入侵物种，保持生态平衡。机器人能够模拟真实捕食者的外观、运动模式和攻击行为，以对目标入侵物种造成胁迫。以食蚊鱼为例，食蚊鱼面对这些机器人捕食者时会产生恐惧和应激反应，改变其行为模式。机器人通过连续监测和记录食蚊鱼在不同时间段内的行为变化，利用时间序列分析技术追踪其对机器人捕食者威胁的短期和长期响应，如活动模式、摄食率、体重和体型的变化。使用计算机视觉技术自动识别和跟踪个体食蚊鱼的行为，分析其对机器人捕食者刺激的反应，包括逃避行为、聚集行为和活动范围的变化，通过持续的非致命性胁迫，改变食蚊鱼的生态位，减小其对本地物种的捕食压力，有助于恢复生态系统中被入侵打乱的食物链和物种多样性。通过模拟自然生态过程来调控入侵物种，避免了传统使用化学药剂的方法可能带来的生态副作用，相较于人工捕捞更加高效。

自进化机器人通过深度学习和强化学习等技术，能够逐渐学习优化环境保护策略。在植被修复中，自进化机器人首先利用传感器和机器视觉技术对受损生态区域进行详细评估，包括土壤类型、酸碱度、水分含量、光照条件等，通过强化学习不断优化其对环境参数的识别精度，根据评估结果，机器人能够智能选择最适合当地环境的植被种类，并自动调整种植密度、深度等参数。在实际操作中，机器人通过不断试错和学习，逐步优化种植策略，提高植被的存活率和生长质量。在垃圾回收中，自进化机器人利用深度学习和机器视觉技术，能够不断学习和识别垃圾的不同类型和材质，包括新型包装材料和产品设计。

通过强化学习，机器人能够根据回收市场的需求和垃圾组成的变化，自动调整和优化分类算法，提高分类准确率。在复杂的垃圾流中，机器人能够区分细微的差别，如识别可回收塑料与非可回收塑料，减少交叉污染。同时，机器人可以不断收集新的数据，如通过图像识别技术来识别新的垃圾类型，并将其纳入其分类体系中。在生态维持中，自进化机器人通过高精度的图像识别和声音感知技术，能够自动识别和跟踪不同物种，进行精确计数，识别入侵物种，并采用非化学或低影响方法进行控制，减少对生态系统其他生物的伤害。

自复制机器人能够通过快速、大规模的复制，高效地执行任务。在植被修复中，自复制机器人能够迅速增殖，形成一个庞大的工作网络，覆盖广阔的受损地区，在复杂和恶劣的野外环境中，机器人可能会遭受损害，具备自复制能力的机器人可以自修复或生产替换部件，保持整个修复项目的连续性和效率，减少对外部维护的依赖。在灾害应对中，自复制机器人能够迅速到达灾区，并根据需要复制自身，形成一个庞大的机器人网络，快速覆盖广泛的受灾区域，使救援行动能够在短时间内触及更多地点，在地形复杂和人难以进入的区域发挥巨大的优势。自复制机器人可以根据灾害类型和现场需求，分化为不同功能的子群体，执行清除路障、监控灾情、运输装备等多样化任务，它们能根据环境变化和任务需求自适应调整策略，提高火灾扑救的效率。通过自复制机器人执行高风险任务，如核辐射区域、火灾、洪灾等场景，可以显著降低救援人员的安全风险，保护人类生命安全。

8.2.3　可持续发展的机器人技术

自维持机器人是一种在无需人工干预的情况下，执行自我监控、维护、修复和能量补给等任务的机器人，可以利用太阳能、风能、地热能源，收集、处理和再利用环境中的废弃材料，如塑料、金属等，作为其自身的制造材料，减少对外部能源的依赖，降低能源消耗和环境污染。在能源转化方面，可以通过单晶硅、多晶硅、薄膜等光伏电池技术，有效利用太阳能；使用小型水电、潮汐能、波浪能发电技术，对水能进行利用；将有机物转化为燃料或电能的技术，如生物乙醇、生物柴油和生物质气化，使用生物能源。在能力存储方面，使用锂离子电池、钠硫电池、液流电池等，对于可再生能源的稳定输出至关重要，同时，利用压缩空气储能、飞轮储能等其他形式的储能技术，提高能源系统的灵活性。为提高能源利用率，可以优化能源分配，预测能源需求，自动调节能源生产和使用。

在机器人生态圈中，自维持机器人能够通过自我监测、诊断和修复功能减少外部维护需求，降低因频繁维护产生的资源消耗和成本支出。通过优化自身性能和及时修复损坏，延长机器人的使用寿命，减少电子废料的产生，实现生态的循环。自进化机器人能够根据运行数据自我学习和优化，不断提升工作效率和任务执行能力，减少能源和材料的浪费。面对任务或环境变化，自进化能力让机器人快速适应，避免因技术过时而被淘汰，延长设备使用周期，降低更新换代的频率。自维持、自进化、自复制机器人通过提高系统自主性、优化资源利用、增强环境适应性和促进技术革新，为构建可持续发展的机器人生态圈奠定了坚实基础。

8.3 探索宇宙与深海

8.3.1 太空探索的机器人技术

在太空探索中，自维持机器人扮演着至关重要的角色，旨在减少对外部干预的依赖，能够在复杂且恶劣的太空环境中长时间独立执行任务。相比人类航天任务，自维持机器人探索太空显著降低了财政成本和人员安全风险。它们不需要生命维持系统，也不受人体生理限制，可以在极端条件如真空、极端温差、辐射环境下工作，降低了人工执行任务的成本和风险。随着自主技术的发展，自维持机器人能够自诊断并修复部分故障，减少对地面控制中心的依赖，这对于远离地球的深空任务尤为重要。在构建和维护太空站、卫星网络或未来可能的太空基地时，自维持机器人可以执行建设和维修任务，如空间站外部检查、维修破损部件等。

自维持机器人可以进行星球表面探测，装备各种传感器和相机，能够对星球表面进行详细的地形地貌探测，包括地质结构分析、矿物分布探测以及寻找可能存在水或有机物的迹象。利用机械臂或钻探工具采集岩石、土壤或冰层样本，为科学家提供关于星球的物质样本。在缺乏 GPS 信号的外太空环境中，自维持机器人依靠星敏感器、惯性测量单元、激光雷达等自主导航系统来确定位置、规划路径并避开障碍物，确保在复杂地形中的安全行驶。为了长期自主运行，自维持机器人可采用太阳能电池板能量收集、放射性同位素热电发电机等技术，确保太空环境能持续长时间运作。自维持机器人还可能具备自诊断和一定程度的自修复能力，利用星球本地资源进行能源补给和部件制造，实现原位资源利用（ISRU），延长任务寿命。

自进化机器人能够自学习，实现自优化，在太空探索中发挥着重要作用。太空环境极端多变，自进化机器人通过不断学习和适应，能够更好地处理未知或变化的环境条件，如学会如何更高效地在月球或火星表面移动，或是调整传感器参数以应对不同光照条件，增强对环境的适应性。面对复杂任务，自进化机器人能够通过模拟、试验和反馈循环，发现并实施更优的解决方案，这在资源有限、任务目标动态变化的情况下尤为重要。具备学习能力的机器人可以自主决定探测路径，在遇到新现象时进行深入调查，从而扩大科学发现的范围。如果机器人能够在太空中不断自进化，它们可能会逐渐适应太空环境，生成更高级的智能和生存策略，为人类未来的太空居住和资源开发奠定基础。

太空探索的机器人应用，如图 8－3 所示。

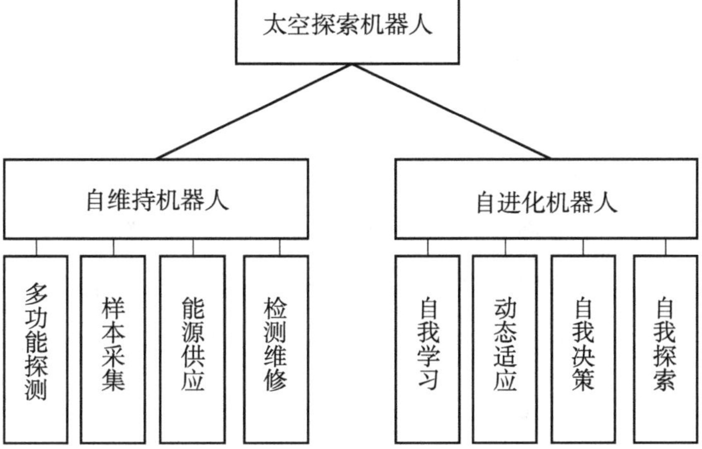

图 8－3　太空探索的机器人应用

月球基地概念图，如图 8-4 所示。

图 8-4　月球基地概念图

8.3.2　深海探测的机器人平台

自维持机器人集成传感技术和自诊断系统，能够实时监控机器人的各项运行参数，如动力系统状态、电子设备健康度、结构完整性等，一旦发现异常，立即通知地面控制中心，或采取预设的应对措施，在地面或水中进行修复。为了实现在深海长时间作业，自维持机器人采用创新的能源解决方案，如在浅水区使用太阳能，利用深海热液口的温差进行热能转换，或利用海水中的化学能，结合高效的能量管理系统，确保能源供应的自给自足。面对深海巨大的水压，自维持机器人采用特殊的结构设计和材料，如高强度耐压壳体、可变形结构，以及内部压力均衡系统，以抵抗极端水压，保护内部敏感元件不受损害。机器人可以携带各种传感器，如水质传感器、气象传感器等，实时监测海水的温度、盐度、氧含量等重要参数。同时，它们还可以配备高清晰度相机、声呐仪等设备，获取海洋生物的图像和声呐信息，为海洋环境监测、海洋生物资源调查等提供全面的数据支持。

自进化机器人能够通过机器学习算法，基于传感器反馈的数据，实时调整其运动策略和任务优先级，以应对深海环境复杂多变，包括水流、温度、压力以及生物活动等，避开危险的海洋生物，对抗快速变化的水流。在长期的深海作业中，自进化机器人能够通过分析任务执行效率，不断优化作业路径，减少能耗，提高采样的质量。自进化机器人可能通过软件指导下的物理重组，改变自身的形态或增加新的功能组件，以更好地适应特定的深海探索任务或环境条件。在多机器人系统中，自进化机器人能够通过互相学习和交流经验，形成更高效的协作模式。群体智能的提升可以使得整个机器人网络在执行大规模深海探测任务时，展现出更高的适应性和创新能力。

自复制机器人可以通过个体的复制，在深海的广阔环境中，组成一个分布式网络，不断扩展探索范围，长期自主地进行环境监测、资源勘探和科学研究。通过复制，可以持续扩大探索队伍规模，实现对深海环境的广泛覆盖。在恶劣的深海条件下，机器人可能会遭遇损坏或故障。自复制机器人能通过复制或再生零件来修复受损的个体，在机器人丢失或损坏严重的情况下，通过复制新的机器人来迅速恢复网络的完整性和功能，保证任务的连续性。自复制机器人能够减少深海探索的人力和物资投入，其自复制的能力可以大大降低后续的维护和补充成本，使得深海探测变得更加可行。

深海探测的机器人平台，如图 8－5 所示。

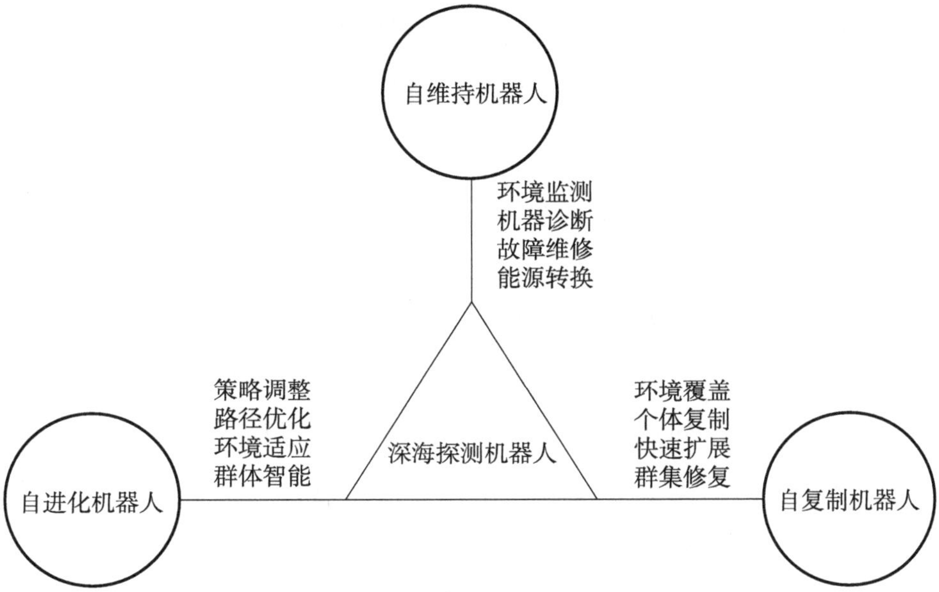

图 8－5　深海探测的机器人平台

深海探测的机器人水母，如图 8－6 所示。

图 8－6　深海探测的机器人水母

8.3.3　跨领域合作与创新

机器人生态圈与人工智能结合，能够推动机器人的智能化水平。AI 为机器人提供了先进的决策支持系统，通过机器学习算法，机器人能够自主学习环境特征、任务需求和用户偏好，进而优化自己的行为策略。例如，基于深度学习的视觉识别技术使机器人能够准确识别物体、人脸和环境变化，而强化学习则帮助机器人在不断尝试中学习最佳操作路径和方法。AI 和大数据分析结合，使机器人能够通过收集和分析运行数据来预测维护需求，实现预防性维护，减少停机时间并延长使用寿命。此外，通过分析大量作业数据，机器人可以不断优化自身的工作效率和能耗，实现更加绿色和高效的运营。

生物启发技术可以丰富机器人设计的灵感来源，也能够为机器人生态圈的构建提供新的视角和解决方案，促进技术与自然的和谐共生，推动机器人产业向更加智能、高效、可持续的方向发展。可以进行结构仿生，通过模仿动物的肢体结构设计机器人，如蛇形机器人模仿蛇的灵活运动，实现狭小空间的探索与作业；鸟类翅膀的结构被应用于飞行机器人的设计，提高飞行效率。利用生物的运动控制原理，使用中央模式发生器（CPG）模型控制机器人的行走步态，实现更高效、节能的行走方式。在群体智能协作中，通过算法模拟自然界中昆虫或鱼类的集体行为，使多机器人系统能自主协作完成复杂任务，如搜救、环境监测或物流搬运，借鉴生物种群的自组织特性，设计机器人网络能够动态调整任务分配、路径规划，适应环境变化。

机器人与材料科学的结合，能够提升机器人的性能、耐用性、能效以及环境适应性。使用先进材料，如形状记忆合金、压电材料、磁致伸缩材料等，它们能够对温度、电场、磁场等外界刺激做出响应，使得机器人能够具备自适应变形和传感。在无人机、外骨骼和移动机器人的应用中，碳纤维复合材料、新型铝合金等材料，用于减轻机器人重量，提高负载能力和能源效率。使用来源于自然或可生物降解的材料制造机器人部件，可以减少环境影响，便于回收和循环利用。针对高温、高压、强辐射等极端环境，开发专用材料，拓展机器人的应用领域，如深海探测、太空探索等。柔性机器人技术的发展依赖于弹性体、凝胶、织物等柔性材料，使得机器人能够适应各种复杂环境。

通信技术是推动机器人技术广泛应用的重要因素，能够提升机器人的自主性、协同作业能力，以及与其他智能设备和互联网基础设施的对接。Wi－Fi、蓝牙、Zigbee、5G/6G等，使得机器人能够不受线缆限制，灵活部署在各种环境中，进行远程控制、数据传输和实时监控。5G通信技术，其超低延迟特性为机器人提供快速的数据交互能力，可以用于对实时性要求高的应用场景。网络切片能够为机器人应用提供专属的网络资源，确保通信质量和安全性，满足不同场景下的特殊需求。使用边缘计算技术，在靠近数据源的边缘节点处理数据，减少延迟，提升响应速度，适用于需要即时决策的机器人应用。云计算平台能够用于大规模数据存储、复杂计算和机器学习模型训练，支持机器人系统的远程升级和优化。

能源技术是推动机器人可持续发展的重要方向，可以帮助机器人更高效地使用能源，开发新的能源获取方式，确保机器人在各种应用场景中能够长时间自主运行。利用压电、热电等能量收集技术，从环境中的振动、温差中收集能量，为低功耗传感器或小型机器人供电。燃料电池可以为大型机器人或需要长续航的应用场景提供动力，如无人机、运输机器人，可以使用氢燃料电池提供高密度能量。相较于传统锂电池，固态电池具有更高的能量密度和更安全的特性，超级电容器则提供快速充放电能力，适合需要瞬时高功率输出的应用场景。在工作区域部署无线充电，机器人可在作业间隙自动充电，提高便利性和效率。使用激光能量传输等无线能量传输技术，可以为远距离作业的机器人提供持续的能量补给。

机器人生态圈技术融合，如图 8-7 所示。

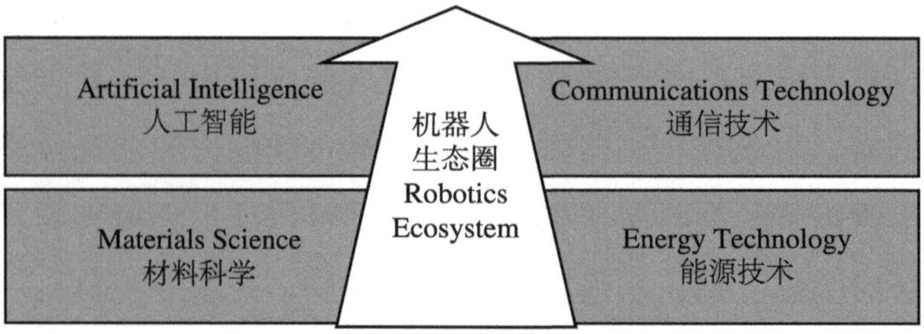

图 8-7　机器人生态圈技术融合

参考文献

[1] PASCAL BORNET, IAN BARKIN, JOCHEN WIRTZ. Intelligent Automation: Welcome to the World of HYPERAUTOMATION Learn How to Harness Artificial Intelligence to Boost Business & Make Our World More Human [M]. Singapore: World Scientific Books, 2021.

[2] TAOTAO J, XIUHUI C, CHUANYUE Q, et al. Development of a novel nonrigid support friction stir welding repair robot for aluminum alloy train [J]. Industrial Robot: the international journal of robotics research and application, 2024, 51 (3): 490 - 500.

[3] MAKIN S. Robot, repair thyself: laying the foundations for self - healing machines [J]. Nature, 2024.

[4] WANG H, TERRYN S, WANG Z, et al. Self - Regulated Self - Healing Robotic Gripper for Resilient and Adaptive Grasping [J]. Advanced Intelligent Systems, 2023, 5 (12): 2300223.

[5] MOSES S M , CHIRIKJIAN S G . Robotic Self - Replication [J]. Annual Review of Control, Robotics, and Autonomous Systems, 2020, 3 (1): 1 - 24.

[6] KULKARNI D D, SEMWAL T, NAIR S B. Immuno - inspired management of halls of fame for embodied evolution [J]. Swarm and Evolutionary Computation, 2022 (70): 101054.

[7] SI G, JIN Y, JIN X. MATLAB - based simulation of industrial robots in water environment monitoring [J]. Applied Mathematics and Nonlinear Sciences.

[8] SHIVALKAR S, GAUTAM P K, VERMA A, et al. Autonomous magnetic microbots for environmental remediation developed by organic waste derived carbon dots [J]. Journal of Environmental Management, 2021 (297): 113322.

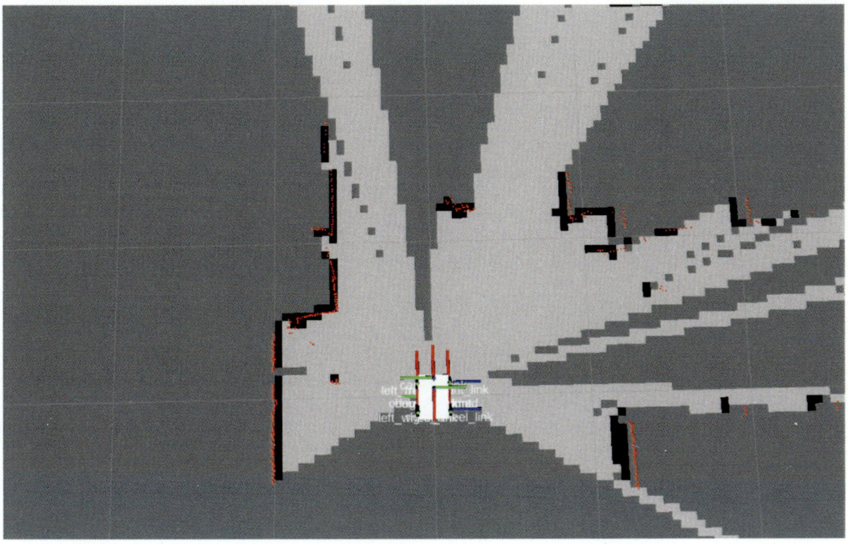

图 2－26　刚开启定位建图模块的 Rviz 显示界面（P28）

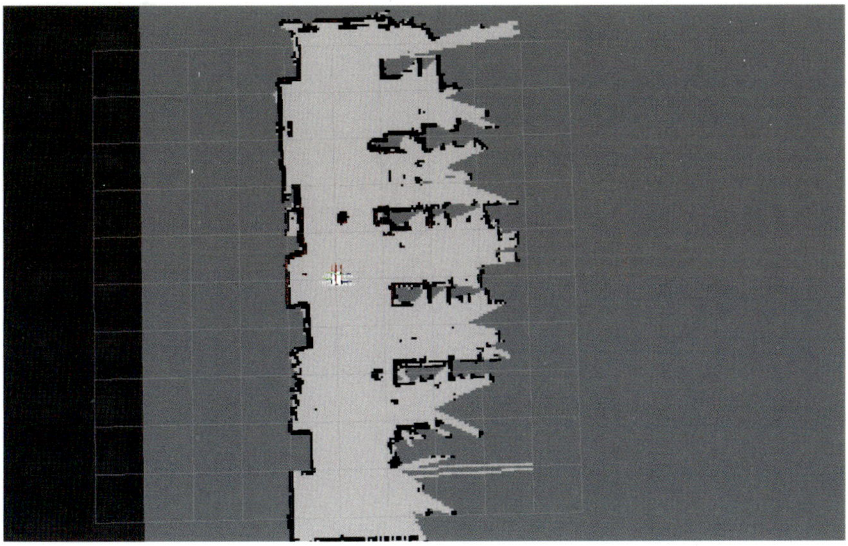

图 2－27　实验室环境的 2D 地图（P29）

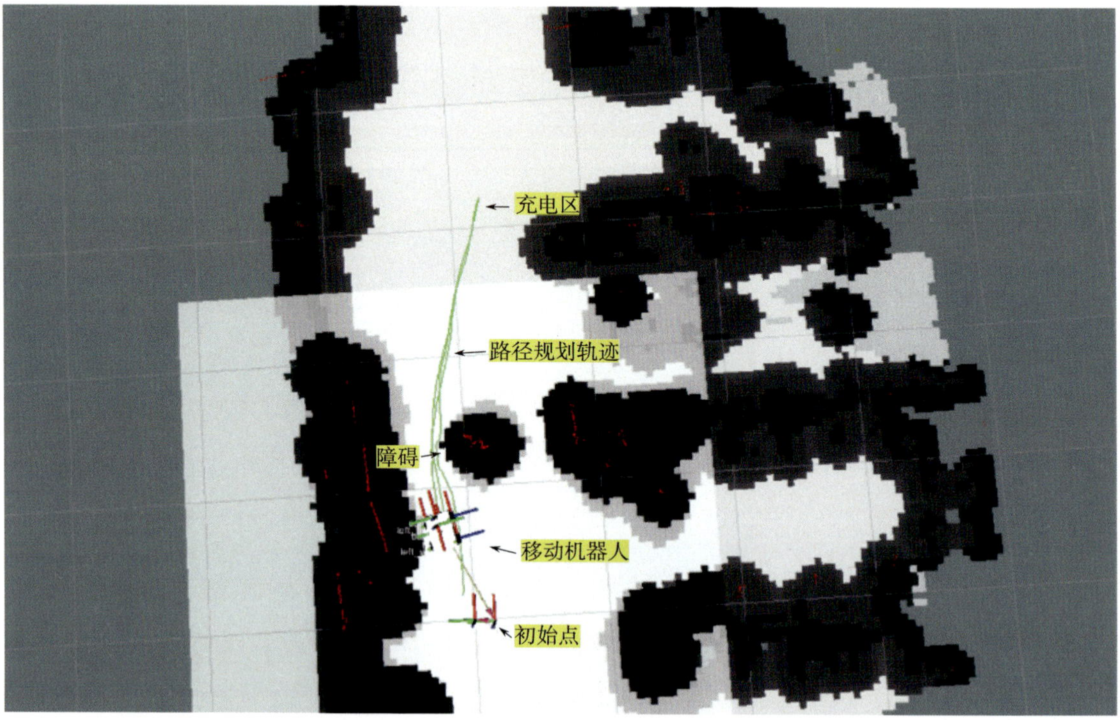

图 2-31　移动机器人路径规划（P31）

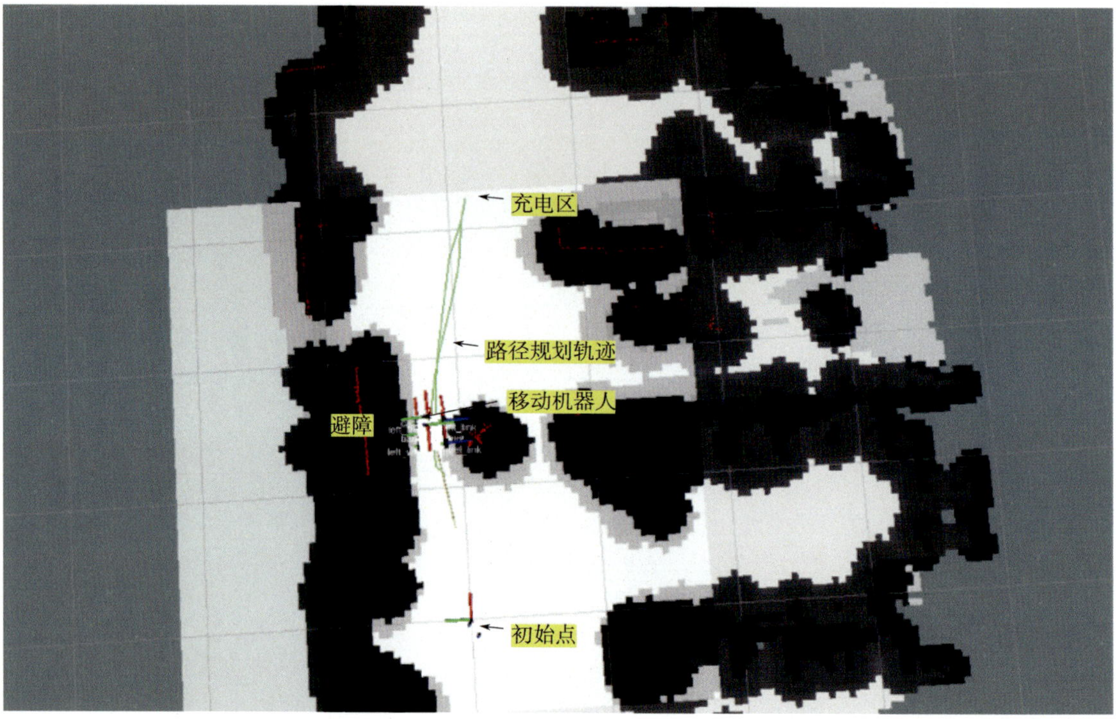

图 2-32　移动机器人避开障碍物（P32）

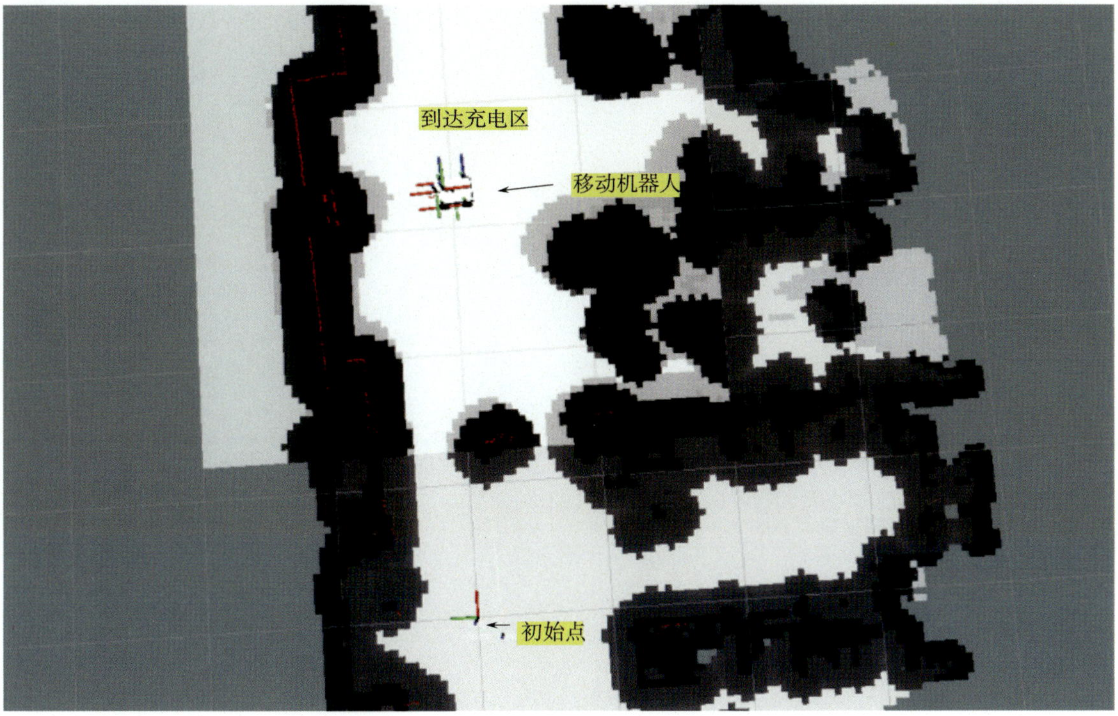

图 2-33　移动机器人到达充电区（P33）

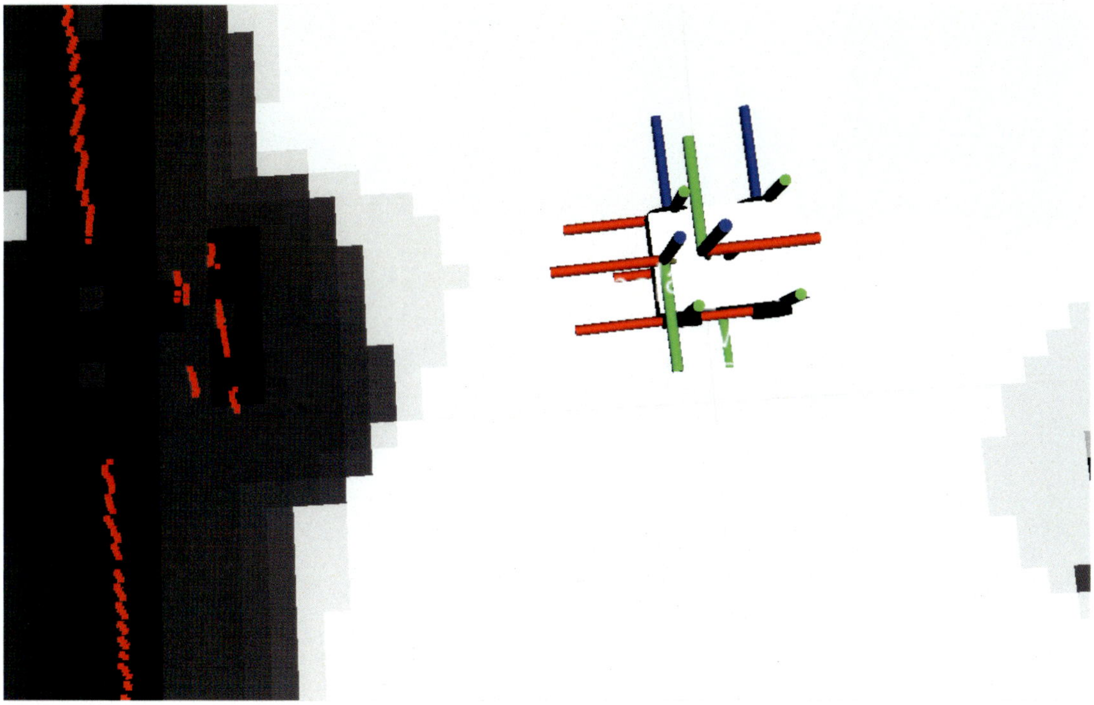
图 2-34　移动机器人姿态（P33）

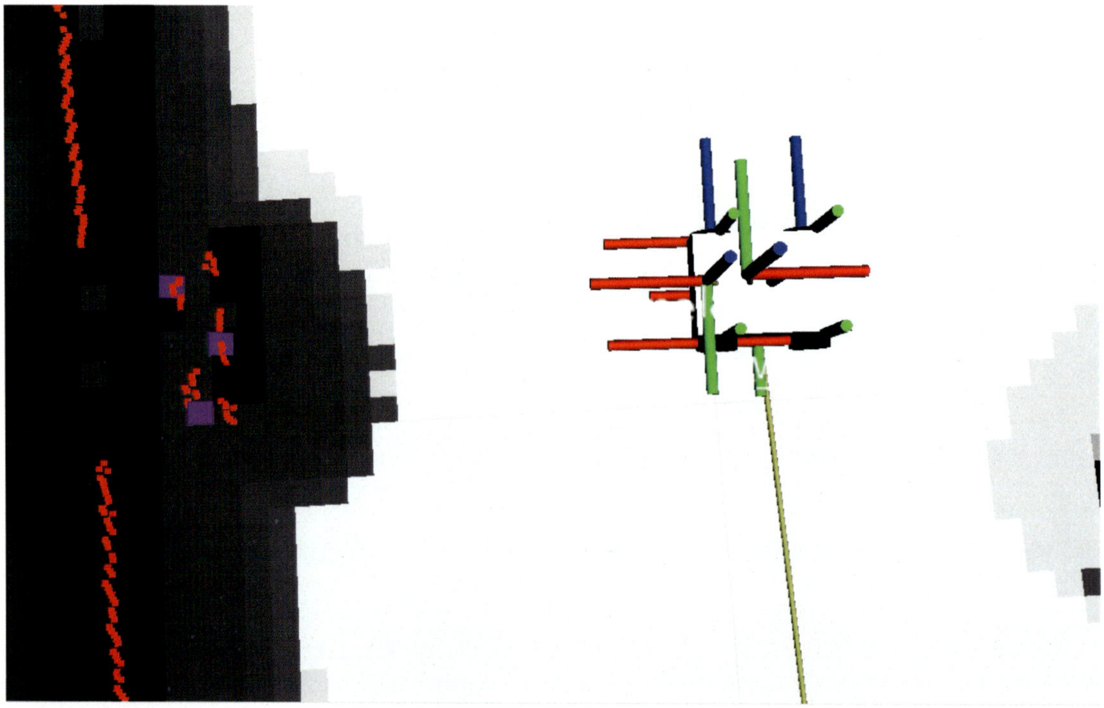

图 2-35　标志物突变点和中心点识别结果（P34）

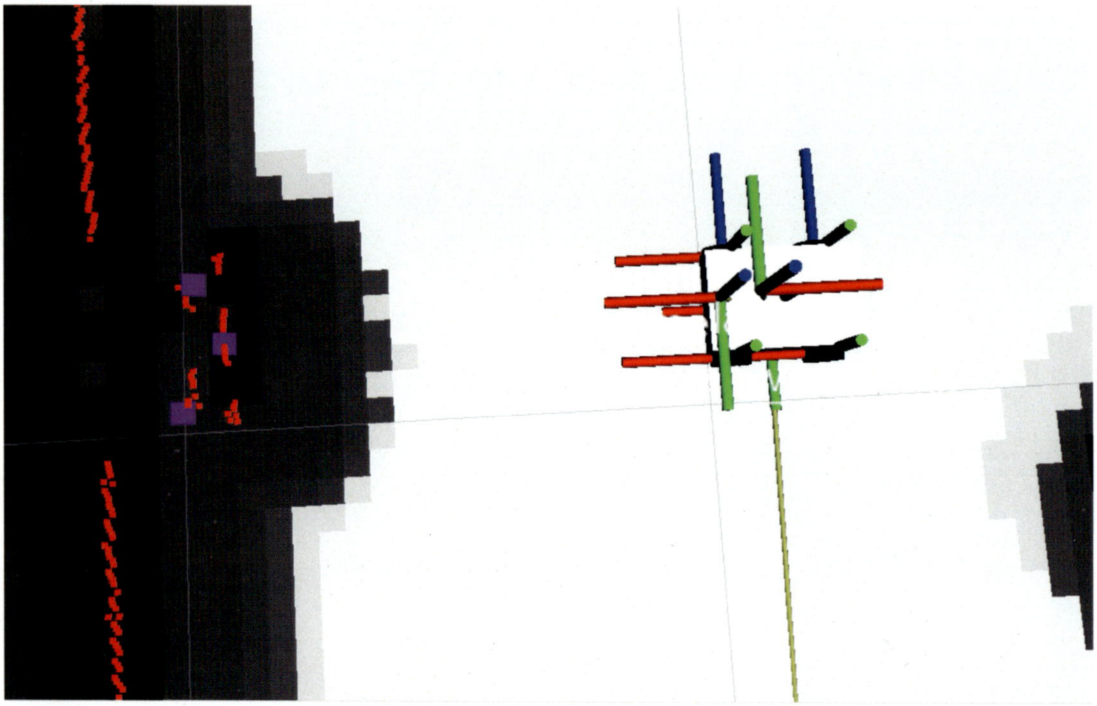

图 2-36　姿态调整后标志物突变点和中心点识别结果（P34）

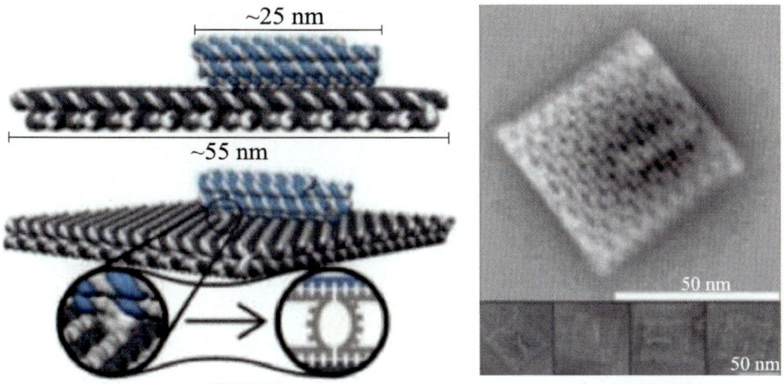

(a) 模拟图　　　　(b) 显微照片

图 3－8　由 DNA 构件块组成的电控自组装“机器臂”（P56）

图 4－6　机器人婴儿项目（Robot Baby Project）产生的“第一家庭”（P65）

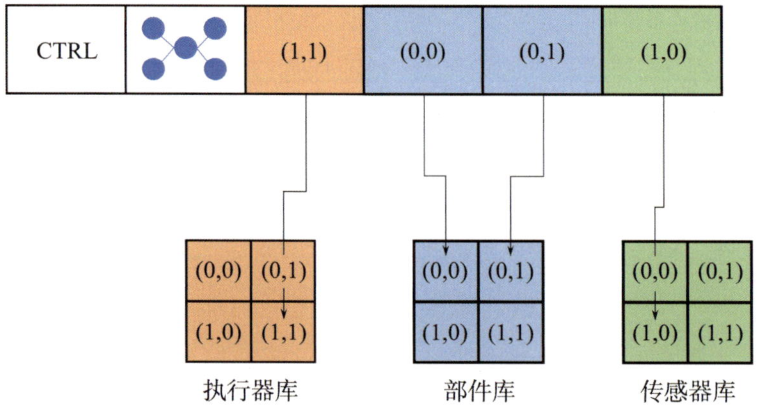

图 4-7　机器人基因（P67）

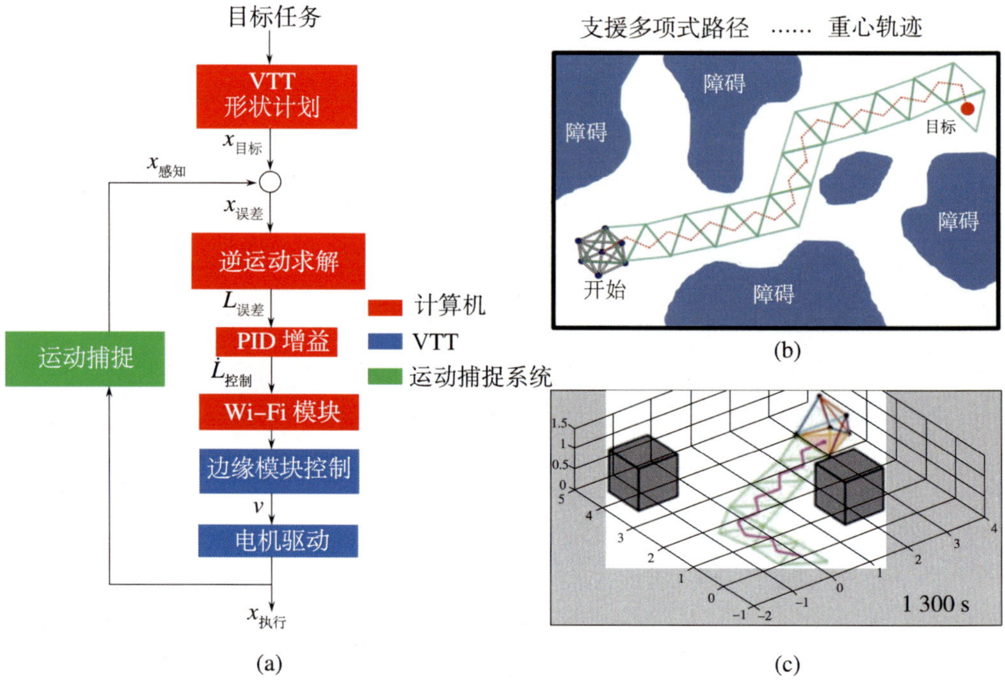

图 7-7　桁架式模块化机器人的路径规划和模块运动（P157）

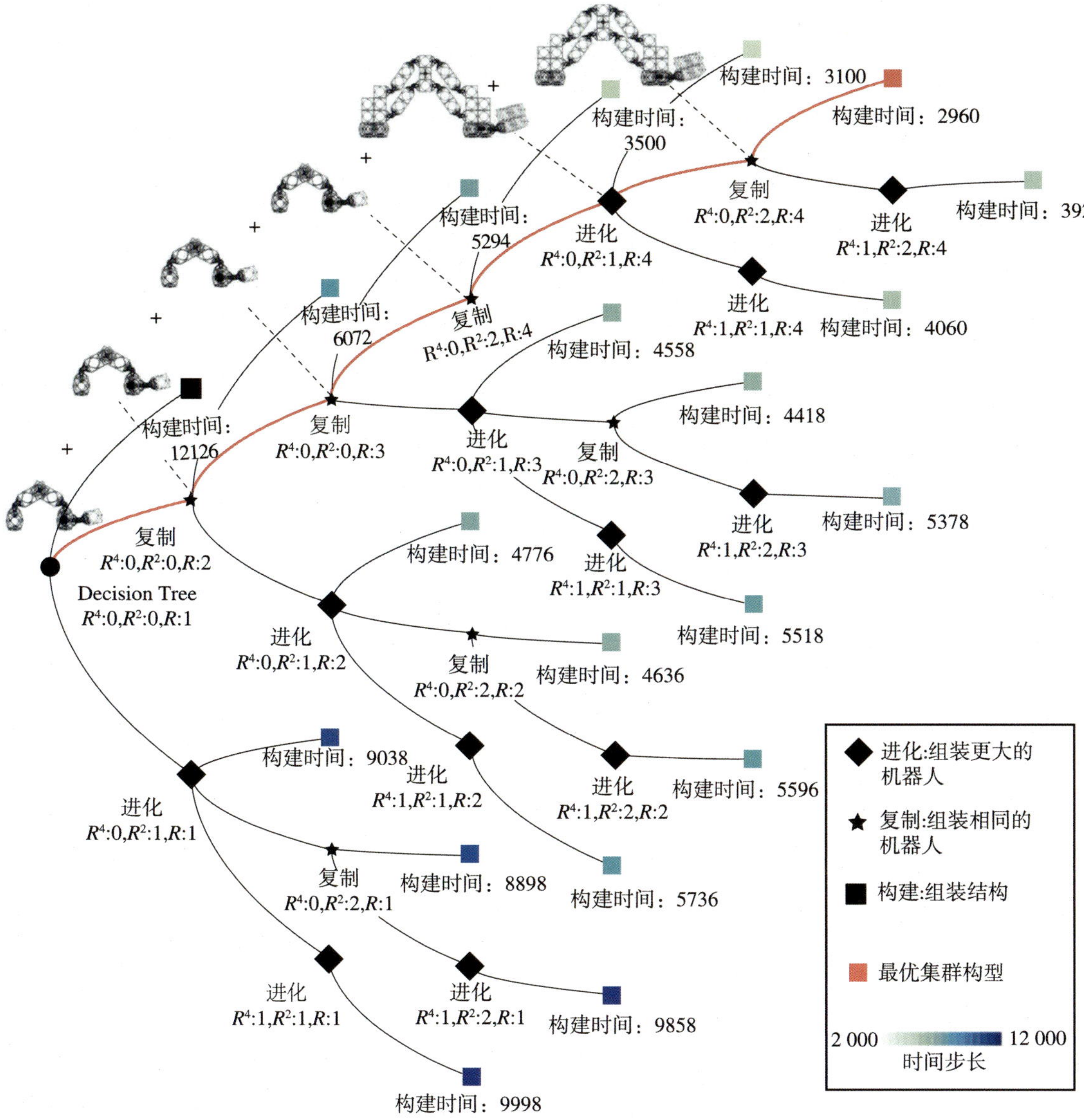

图 7－15　构建序列树[12]（P164）

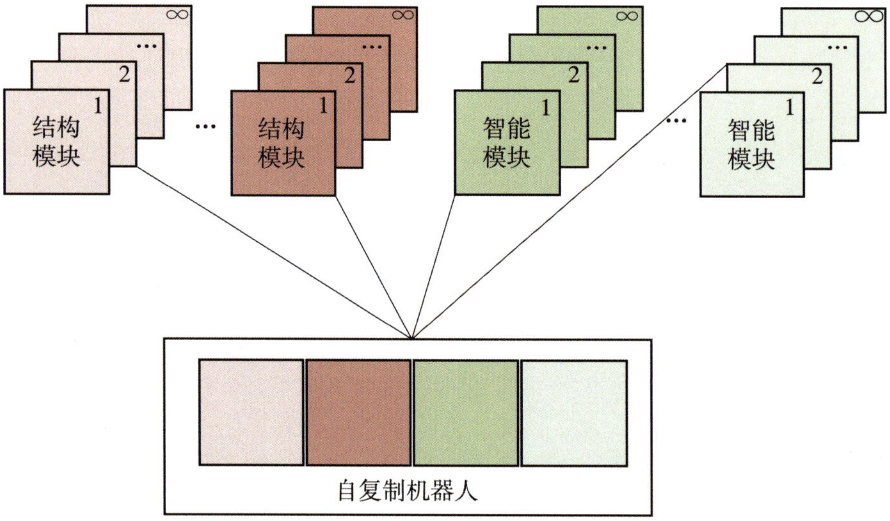

图 7-18　基于模块化的自复制机器人构成原理示意图（P169）

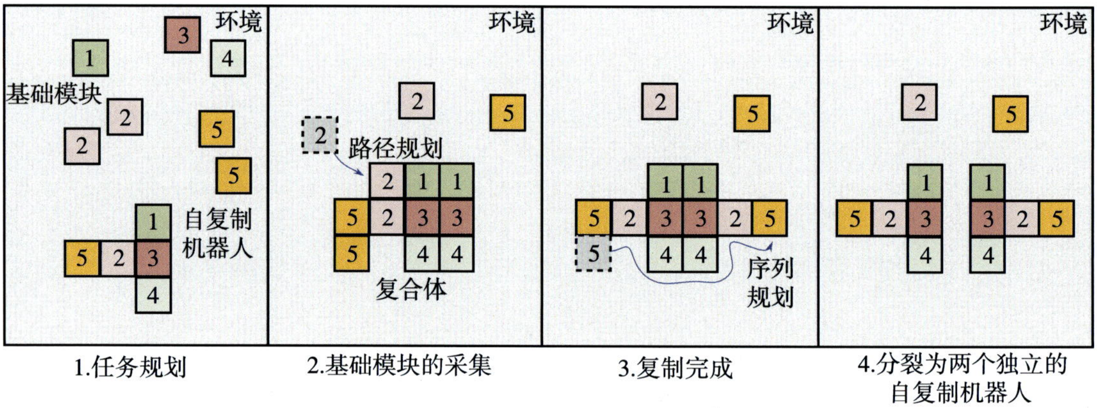

图 7-19　自复制过程示意图（P171）